GNSS-IR 原理与应用

任　超　刘立龙　梁月吉　著

科学出版社

北京

内 容 简 介

本书在介绍全球导航卫星系统（GNSS）基本概况的基础上，对全球导航卫星系统干涉反射（GNSS-IR）基本理论和方法进行了全面、系统的阐述，包括 GNSS 信号的电磁波理论、反射信号几何原理、菲涅尔反射区域、直反射信号数学描述和接收处理方法等，并给出了其在植被含水量、土壤湿度等方面应用的效果。本书写作过程中，参考了国内外相关研究成果，并融入了作者在这一领域的研究成果，反映了 GNSS-IR 技术的最新进展。

本书的读者对象主要为测绘科学、航空航天科学、计算机科学等导航卫星相关领域的高校师生，以及从事大气环境遥感、陆地环境遥感、海洋环境遥感、植被环境遥感及其应用研究的科技工作者。

图书在版编目（CIP）数据

GNSS-IR 原理与应用 / 任超，刘立龙，梁月吉著. —北京：科学出版社，2022.6

ISBN 978-7-03-072276-8

Ⅰ. ①G⋯　Ⅱ. ①任⋯ ②刘⋯ ③梁⋯　Ⅲ. ①卫星导航－全球定位系统－研究　Ⅳ. ①P228.4

中国版本图书馆 CIP 数据核字（2022）第 090420 号

责任编辑：郭勇斌　肖　雷／责任校对：杜子昂
责任印制：张　伟／封面设计：刘　静

科 学 出 版 社 出版
北京东黄城根北街 16 号
邮政编码：100717
http://www.sciencep.com
北京厚诚则铭印刷科技有限公司 印刷
科学出版社发行　各地新华书店经销

*

2022 年 6 月第 一 版　开本：720×1000　1/16
2023 年 7 月第二次印刷　印张：9 1/2　插页：4
字数：180 000
定价：**89.00 元**
（如有印装质量问题，我社负责调换）

前　言

全球导航卫星系统干涉反射（GNSS-IR）是一种基于测地型 GNSS 接收机发展起来的新型遥感技术。它不需要任何专用的信号发射器，直接通过来自地球表面反射的 GNSS 卫星信号即可解译地球表面的各种物理参数，具有低成本、小功耗、轻体积、长期稳定等特点，被认为是一种介于被动遥感与主动遥感之间的新型遥感探测技术。该技术具有全天候、全天时、多信号源、宽覆盖等优势。组合多星多频信号还可提供高时间分辨率反演结果，联合多源 L 波段信号的地面反射范围可达到几米甚至几千米，具有更大的覆盖范围或更高的空间分辨率。GNSS-IR 可以作为传统遥感技术的补充，填补现有观测手段在中小尺度分辨率上的空白，其已经在土壤湿度、雪深、潮汐、风场及植被与农作物生长监测等领域发挥了关键作用。

本书撰写过程中，参考了国内外 GNSS-IR 学者的诸多论述和文献，并结合了作者多年来的科研成果。在撰写过程中，力求引入该领域的最新研究成果，阐明 GNSS-IR 的基本概念、基本原理和基本方法。全书共由 6 章组成。第 1 章介绍了 GNSS-IR 技术的基本概念和应用领域，并总结了国内外 GNSS-IR 研究的现状。第 2 章详细介绍了 GNSS 信号的基本理论，以及 GNSS 直、反射信号的数学描述。第 3 章详细介绍了采用低阶多项式以及小波分析分解卫星直、反射信号的数学模型以及反射信号相位提取方法。第 4 章和第 5 章分别从植被含水量测量和土壤湿度测量两个方面介绍了 GNSS-IR 的应用实践。第 6 章对目前 GNSS-IR 在测雪深、GNSS-R 在测海冰等方面的研究进行了简要的介绍。

本书在撰写的过程中得到了很多人的帮助。硕士研究生潘亚龙、张志刚和施显健提供了本书的主要算例，真诚感谢他们的贡献！感谢桂林理工大学测绘地理信息学院的测绘科学与技术一流学科建设项目和国家自然科学基金项目（41461089，41901409 和 42064003）对本书的重要支持！

    由于编者水平有限，书中难免有不足之处，恳请读者批评指正。

作 者

2022 年 2 月

目　　录

前言

第 1 章　绪论 ··· 1

1.1　GNSS 系统概述 ·· 1

1.1.1　GPS 系统 ··· 1

1.1.2　GLONASS 系统 ·· 5

1.1.3　Galileo 系统 ··· 6

1.1.4　BDS 系统 ·· 7

1.2　GNSS-R/IR 技术 ·· 7

1.2.1　GNSS-R/IR 技术的定义 ··· 7

1.2.2　GNSS-IR 技术的特点和优势 ·· 9

1.3　GNSS-R/IR 技术的发展 ··· 10

1.3.1　国外研究现状 ·· 10

1.3.2　国内研究现状 ·· 12

1.4　本书结构 ·· 13

参考文献 ·· 14

第 2 章　GNSS 信号基本理论 ·· 18

2.1　电磁波的极化和反射 ·· 18

2.1.1　电磁波的极化 ·· 18

2.1.2　电磁波的反射 ·· 19

2.2　GNSS 反射信号基础 ·· 22

2.2.1　GNSS-IR 几何关系描述 ··· 22

2.2.2　菲涅尔反射区域 ·· 25

2.3　直、反射信号数学描述 ·· 28

2.3.1　直射信号描述 ·· 28

2.3.2 反射信号描述 ··· 29

2.4 小结 ·· 31

参考文献 ·· 31

第 3 章 GNSS 信号处理 ·· 33

3.1 GNSS 直、反射信号分离 ·· 33

3.1.1 信噪比 ·· 33

3.1.2 低阶多项式反射信号分离模型 ·· 37

3.1.3 小波分析反射信号分离模型 ··· 39

3.1.4 双正交 Biorthogonal 小波 ··· 46

3.1.5 Coiflet 小波 ··· 48

3.1.6 SymletsA 小波 ··· 48

3.2 反射信号相位提取 ··· 52

3.3 小结 ·· 52

参考文献 ·· 53

第 4 章 GNSS-IR 测植被含水量应用 ······························· 54

4.1 概述 ·· 54

4.2 基于 GNSS-IR 的植被含水量测量技术 ···································· 55

4.3 GNSS-IR 和遥感点-面融合植被含水量反演方法 ····················· 56

4.3.1 GNSS-IR 和遥感点-面融合植被含水量反演流程 ············· 57

4.3.2 GNSS-IR 和遥感点-面融合植被含水量反演实例 ············· 58

4.3.3 点-面融合反演结果分析 ··· 62

4.4 小结 ·· 64

参考文献 ·· 64

第 5 章 GNSS-IR 测土壤湿度应用 ··································· 67

5.1 概述 ·· 67

5.2 基于 GNSS-IR 的土壤湿度测量技术 ······································· 68

5.2.1 GNSS-IR 基本原理 ·· 68

5.2.2 求解干涉相位基本步骤 ··· 70

5.3 基于单星的土壤湿度反演方法 ·· 70

5.4　基于多星融合的土壤湿度反演方法·················78

　　5.4.1　多星融合的土壤湿度滚动式估算模型···········78

　　5.4.2　利用 GNSS-IR 监测土壤湿度的多星线性回归反演模型·····90

　　5.4.3　基于 GNSS-IR 的土壤湿度多星非线性回归估算模型·····99

5.5　GNSS-IR 和遥感点-面融合土壤湿度反演方法·········105

　　5.5.1　GNSS-IR 和遥感点-面融合土壤湿度反演流程·······106

　　5.5.2　GNSS-IR 和遥感点-面融合土壤湿度反演实例·······108

　　5.5.3　点-面融合反演结果分析···············114

5.6　小结·····························126

参考文献····························126

第 6 章　GNSS-IR/R 在其他领域的应用···············129

6.1　GNSS-IR 测雪深应用·····················129

6.2　GNSS-R 测海冰应用·····················137

6.3　小结·····························140

参考文献····························141

第 1 章 绪　　论

1.1　GNSS 系统概述

　　全球导航卫星系统（global navigation satellite system，GNSS）是一种基于空基的无线电导航定位系统。它的最主要功能是为地表或近地空间任意地点的用户提供全天候的三维坐标、速度以及时间等信息。目前全球存在四大 GNSS 系统，分别为美国的全球定位系统（global positioning system，GPS）、中国的北斗导航卫星系统（BeiDou Navigation Satellite System，BDS）、俄罗斯的格洛纳斯导航卫星系统（Global Navigation Satellite System，GLONASS），以及欧盟的伽利略导航卫星系统（Galileo Navigation Satellite System，Galileo），目前在轨卫星多达百颗。除上述四大 GNSS 系统外，多国还建立了区域系统和增强系统，其中区域系统包括日本准天顶导航卫星系统（Quasi-zenith Satellite System，QZSS）以及印度区域导航卫星系统（Indian Regional Navigation Satellite System，IRNSS），增强系统包括美国的广域增强系统（wide area augmentation system，WAAS）、日本星基增强系统（multi-functional transport satellite-based augmentation system，MSAS）、欧洲星基增强系统（European geostationary navigation overlay service，EGNOS）、印度星基增强系统（GPS and GEO augmented navigation system，GAGAN）以及尼日利亚的通信卫星一号（Nigeria communications satellite one，NIGCOMSAT-1）等[1]。目前，GNSS 系统已经深入航空航天、航海、通信、定位导航、消费娱乐、车辆监控管理、测绘、授时以及信息服务等多方面，而且 GNSS 系统的发展目标是为实时应用提供更高精度的服务。

1.1.1　GPS 系统

　　1957 年 10 月 4 日，苏联成功发射了人类历史上第一颗人造卫星 Sputnik 1。

这颗卫星入轨运行后不久，美国约翰斯·霍普金斯大学应用物理实验室利用地面跟踪站的多普勒测量数据实现了卫星轨道的精确解算。在此项研究的基础上，约翰斯·霍普金斯大学应用物理实验室的麦克卢尔博士和克什纳博士指出，对一颗轨道已经精确确定的卫星进行多普勒测量，则可以计算出用户的位置坐标。上述研究为第一代导航卫星系统的诞生提供了技术支持。1958 年底，美国海军委托霍普金斯大学应用物理实验室研究用于潜艇导航服务的卫星系统，即海军导航卫星系统（Navy Navigation Satellite System，NNSS），又称子午仪卫导系统（transit navigation system），该系统的问世开创了导航新时代。1964 年 1 月，该系统正式建成并交于美国海军使用，该系统由 6 颗卫星组成，在近似圆形的轨道上运行，轨道倾角约为 90°，轨道高度约为 1 075 km，卫星的运行周期为 107 min。1967 年 7 月，美国政府解密该系统部分导航电文，以供民间使用。

作为第一代导航卫星系统，子午仪卫导系统虽然具有划时代意义，但还是存在一定的缺陷，如卫星数少、单次定位所需时间过长、定位精度低等，造成了无法实现全天候、全球范围内高精度的连续导航。因此，美国军队迫切呼吁研制出一种新的导航卫星系统，在子午仪卫导系统的基础上，美国陆海空三军提出一种新的导航卫星系统，并将其称为时距导航系统/全球定位系统（navigation system timing and ranging/global positioning system，NAVSTAR/GPS）。美国国防部于 1973 年正式开始研制 GPS 系统，1989 年第一颗 GPS 卫星发射成功，截至 1995 年 4 月系统达到全运行能力[2]。GPS 卫星从建设开始，就一直处于不断更新和完善之中，1997 年，美国启动了"GPS 现代化"计划，该计划主要加强对美军现代化战争的支持，并保持 GPS 在民用领域的全球主导地位。当前，美国正加紧部署研究 GPS-III 计划，预计到 2030 年实现 GPS 授时精度 1ns，定位精度达到 0.2～0.5 m，实现更高的植被和陆地穿透能力，全面提高 GPS 的整体性能。GPS 系统由空间部分、地面监测部分和用户部分三部分组成。

GPS 空间部分最初组网设计为（21 + 3）GPS 星座，其中 21 颗为工作卫星，3 颗为备用卫星，24 颗卫星均匀分布在 6 个中圆地球轨道（medium earth orbit，MEO），每个轨道上有 4 颗卫星；轨道平均高度约为 20 220 km；卫星轨道平面与地球赤道面的夹角为 55°；相邻两个轨道的升交点赤经之差为 60°；卫星运行周期为 11 h 58 min。截至 2020 年 10 月，GPS 在轨工作卫星共有 31 颗，其中 GPS-IIR 卫星 9 颗，GPS-IIR-M 卫星 7 颗，GPS-IIF 卫星 12 颗，第三代 GPS-III/IIIF 卫星 3 颗[3]。GPS 系统在轨卫星信息如表 1-1 所示。

表 1-1　GPS 系统在轨卫星信息

卫星型号		服务时间	信号	在轨数量/颗	设计寿命
传统卫星	GPS-IIA	1990～1997 年	L1(C/A)/L1 P(Y) L2 P(Y)	0	7.5 年
	GPS-IIR	1997～2004 年	L1(C/A)/L1 P(Y) L2 P(Y)	9	7.5 年
现代化卫星	GPS-IIR-M	2005～2016 年	L1(C/A)/L1 P(Y)/L1 M L2 P(Y)/L2 C/L2 M	7	7.5 年
	GPS-IIF	2010～2016 年	L1(C/A)/L1 P(Y)/L1 M L2 P(Y)/L2 C/L2 M L5 C	12	12 年
	GPS-III/IIIF	2018 年至今	L1(C/A)/L1 P(Y)/L1 M/L1 C L2 P(Y)/L2 C/L2 M L5 C	3	15 年

目前，GPS 卫星发射的信号包括载波信号、P 码（或 Y 码）、C/A 码和数据码（或 D 码）等，其中载波信号包括 L1（频率为 1 575.42 MHz）、L2（频率为 1 227.60 MHz）和 L5（频率为 1 176.45 MHz）载波，三种载波的波长分别为 0.190 3 m、0.244 2 m 和 0.254 8 m。L1 载波上调制有 C/A 码、P 码（或 Y 码）和数据码（或 D 码），L2 载波只调制有 P 码（或 Y 码）和数据码，最初载波当作 GPS 信号传输测距码和数据码的载体，GPS 信号之所以选取以上波段，主要是所选择的载波具有穿透电离层能力较强的优点。另外，由于 L 载波还具有使用率低的优点，扩频前景广阔，有利于宽带信号的传送。

在无线电传输技术中，为了有效地传输信号，只有将频率较低的信号加载到频率较高的载波上，将载波信号发射出去，这种做法称为调制。GPS 卫星信号传输时将测距码和数据码通过调相技术调制到载波上。GPS 使用的测距码包括 P 码（或 Y 码）和 C/A 码，二者均属于伪随机码。C/A 码是由两个 10 级反馈移位寄存器组合产生的，C/A 码长 $Nu = 2^{10}-1 = 1\ 023$ bit，码元宽度 $tu = 1/f_1 = 0.97752\ \mu s$（$f_1$ 为基础频率的 1/10，即 1.023 MHz），相对应的距离为 293.1 m，周期为 $Tu = Nu \cdot tu = 1$ ms，数码率为 1.023 Mbit/s。C/A 码主要用于测定卫星信号传播的延迟，由于码元宽度较大，易于捕获，又称为捕获码。P 码是由 12 级反馈移位寄存器组合构成的，码长 $Nu \approx 2.35 \times 1\,014$ bit，码率 $f_0 = 10.23$ MHz，码元宽度 $tu = 1/f_0 = 0.097752$ μs，相应的距离为 29.3 m，周期为 $Tu = Nu \cdot tu \approx 267$ d，数码率为 10.23 Mbit/s。因为 P 码码长较长，无法通过搜索 C/A 码的方法捕获 P 码，因此，一般首先捕获 C/A 码，然后根据导航电文，捕获 P 码。由于 P 码码元宽度为 C/A 码的 1/10，若取码元对齐精度仍为码元宽度的 1/100，相应的距离误差为 0.29 m，因此，P 码一般用于较高精度的导航和定位，由于美国政府对 P 码保密，不提供民用，因此，一般用户只能接收到 C/A 码。具体 GPS 卫星信号组成见表 1-2。

表 1-2　GPS 卫星信号组成

信号结构	名称	信号描述
载波	L1 载波	频率：1 575.42 MHz；波长：0.190 3 m
	L2 载波	频率：1 227.60 MHz；波长：0.244 2 m
	L5 载波	频率：1 176.45 MHz；波长：0.254 8 m
伪随机码	C/A 码	作为捕获码测定卫星信号转播的时间延长
	P 码	作为精码调制在 L1 载波上，不提供民用
	L2C 码	L2 上的民用码，更好地消除电离层延迟误差，具有更强的信噪比以及更低的多路径效应影响
	L5C 码	L5 上的民用码，GPS 现代化的一个主要措施，获取高精度的信号
数据码	D 码	加载导航电文的二进制码

GPS 地面监测部分包括 1 个主控站、5 个卫星监测跟踪站和 3 个地面信息注入站。主控站是最重要的部分，它是整个地面监测系统的运行管理中心和技术支持中心，其主要作用是收集每个监测站发送的数据，对 GPS 时间系统和卫星星历进行编制，并将卫星星历、时钟误差、姿态数据和大气层延迟改正编制成导航电文传送到注入站。主控站还能对卫星轨道和卫星钟读数进行修正，当卫星发生故障时，还要负责修复卫星或启用备用件以维持其正常工作，当卫星故障过于严重导致无法修复时，则需要调用备用卫星去代替它，以确保整个系统能正常运作。卫星监测跟踪站的主要任务是观测每颗卫星并向主

控站提供观测数据。地面信息注入站也称为地面天线，是主控站与卫星之间的通信链路，它的任务是将主控站计算的卫星星历及时钟修正参数等注入卫星。

GPS 用户部分主要由 GPS 接收机组成。GPS 接收机包括主机、天线和电源，其主要任务是：捕获、跟踪并锁定卫星信号，对接收的卫星信号进行处理，测量出 GPS 信号从卫星到接收机天线的传播时间，并解译出 GPS 卫星发射的导航电文，实时计算接收机天线的三维位置、速度和时间。在静态定位中，GPS 接收机在捕获和跟踪 GPS 卫星的过程中固定不变，接收机高精度地测量 GPS 信号的传播时间，利用 GPS 卫星在轨的已知位置，解算出接收机天线所在位置的三维坐标。而动态定位则是用 GPS 接收机测定一个运动物体的运行轨迹。

1.1.2 GLONASS 系统

GLONASS 是苏联研制、组建的第二代导航卫星定位系统，该系统和 GPS 一样，也采用距离交会原理工作。1982 年 10 月 12 日，苏联成功发射第一颗 GLONASSA 卫星。随着苏联的解体，该系统大部分卫星停止运行。苏联解体后，该系统由俄罗斯接手并继续研制完善，从 2003 年开始该系统进入全面升级和发展阶段，并于 2007 年开始运营，但当时仅能实现俄罗斯境内的导航卫星定位服务，直到 2011 年才实现全球覆盖。GLONASS 空间部分设计与 GPS 相似，采用（21＋3）GLONASS 星座。24 颗卫星均匀分布在 3 个轨道高度 19 100 km、轨道倾角 64.8°的中圆地球轨道上，相邻轨道面的夹角为 120°，轨道偏心率为 0.01。卫星运行周期为 11 h 15 min 44 s，地迹重复周期 8 d，轨道同步周期 17 圈。由于 GLONASSA 卫星的轨道倾角大于 GPS 卫星的轨道倾角，所以在高纬度地区的可视性较好。

GLONASS 系统使用的是频分多址（frequency division multiple access，FDMA）的调制方式，与 GPS 采用的码分多址（code division multiple access，CDMA）的调制方式不同。采用 FDMA 的调制方式使得不同卫星所占用的频点不同，因此，GLONASS 系统卫星播报的两个频段的频率分别为 L1 = 1602 + 0.5625×k（MHz）、L2 = 1246 + 0.4375×k（MHz），k 为卫星编号。

GLONASS 地面控制组包括一个系统控制站和一个指令跟踪站,网络分布于俄罗斯境内。指令跟踪站跟踪 GLONASS 的可视卫星,它遥测所有卫星,进行测距数据的采集和处理,并向各卫星发送控制指令和导航信息。在地面控制组内有激光测距设备对测距数据作周期修正,为此所有 GLONASS 卫星上都装有激光反射镜。

1.1.3 Galileo 系统

欧盟于 1999 年首次公布 Galileo 导航卫星系统计划,其目的是打破美国 GPS 的垄断局面。Galileo 系统由欧盟通过欧洲航天局(简称欧空局)(European Space Agency,ESA)建立,由欧洲 GNSS 机构(European GNSS Agency,GSA)经营。Galileo 与美国 GPS 的军事导向系统不同,Galileo 主要是用于民用,是世界上第一个具有商业性质的民用导航卫星系统,该系统除了提供基本的导航、定位及授时等服务外,还提供搜索与救援(search and rescue,SAR)服务以及付费的高精度服务(high accuracy service,HAS)。Galileo 系统于 2003 年正式开始建立,由于欧盟内部成员国的分歧,计划几经推迟,直至 2005 年 12 月,才成功发射第一颗测试卫星 GIOVE-A,并于 2008 年 4 月发射第二颗测试卫星 GIOVE-B。而作为组网第一批的两颗卫星于 2011 年 10 月 21 日发射,并于 2012 年 10 月 12 日发射其余两颗,至此,Galileo 系统终于可以实现用户定位能力。Galileo 于 2016 年 12 月 15 日正式开始提供服务,并计划于 2020 年完成系统所有卫星部署(由于某些原因目前尚未完成全部卫星部署)。

Galileo 系统的组网设计为 30 颗 MEO 卫星,均匀分布在三个轨道,每个轨道分布 10 颗卫星,其中 8 颗为工作卫星,2 颗为备用卫星。轨道高度为 23 222 km,轨道平面倾角为 56°,相邻轨道的升交点赤经之差为 120°,运行周期为 14 h 4 min。Galileo 系统目前在轨卫星 26 颗,除去 2 颗失效和 2 颗测试用的卫星,正常运行的卫星仅有 22 颗[4]。Galileo 系统采用 CDMA 的调制方法,拥有 4 个无线电频段,分别为 E5a、E5b、E6、E2-L1-E1 频段,4 个频段的频率分别为 1 176.45 MHz、1 207.14 MHz、1 278.75 MHz、1 575.42 MHz。

1.1.4　BDS 系统

BDS 系统作为我国自主研制的全球导航卫星系统，是继 GPS、GLONASS 之后第三个成熟的导航卫星系统。BDS 系统创新融合了导航与通信能力，具有实时导航、快速定位、精确授时、位置报告和短报文通信服务五大功能，相较 GPS、GLONASS 系统只解决了用户在何时、何地的定位和授时问题，BDS 能实现位置报告和态势共享[5]。20 世纪末，我国正式启动北斗一号系统建设，并于 2000 年发射两颗地球静止轨道（geostationary earth orbit，GEO）测试卫星建成北斗一号系统（BDS-1），向国内提供服务；2012 年底，建成北斗二号系统（BDS-2），向亚太地区提供服务；2020 年 6 月 23 日，北斗最后一颗组网卫星发射成功，标志着北斗三号系统（BDS-3）建成，BDS-3 系统向全球提供服务。

BDS 目前在轨卫星共有 52 颗，其中测试卫星 7 颗；BDS-2 系统 15 颗，包括 5 颗 GEO 卫星，7 颗倾斜地球同步轨道（inclined geo-synchronous orbit，IGSO）卫星，3 颗 MEO 卫星；BDS-3 系统 30 颗，包括 3 颗 GEO 卫星，3 颗 IGSO 卫星，24 颗 MEO 卫星[6]。相较 GPS、GLONASS 系统，BDS 系统在 GEO 和 IGSO 各布设多颗卫星，可以实现亚太地区全时段服务以及增强亚太地区的信号覆盖。BDS 全球范围定位精度为平面优于 10 m、高程优于 10 m，测速精度优于 0.2 m/s，授时精度优于 20 ns，得益于 GEO 以及 IGSO 布设的卫星，BDS 在亚太地区定位精度可以达到平面、高程均优于 5 m。BDS 占用了 B1、B2、B3 三个波段进行信号广播，每个导航信号均正交调制有普通测距码（I 支路）和精密测距码（Q 支路）。

1.2　GNSS-R/IR 技术

1.2.1　GNSS-R/IR 技术的定义

卫星定位与导航是 20 世纪后半期在航空和导航技术领域发生的意义深

远、影响重大的事件，是现代空间技术、无线电通信技术和计算机技术等相结合的产物。它是以人造卫星作为导航台的星基无线电导航系统，能为全球范围内海、陆、空、天的各种军用民用载体，提供全天候、24 小时连续性的高精度三维位置信息、速度信息以及时间信息。随着对 GNSS 技术以及 GNSS 反射信号理论的深入研究，人们发现 GNSS 不只局限于提供导航、定位和授时等服务，其空间部分卫星发射的电磁波经过地表反射后，还可被用于监测地球表面的物理参数变化，以此为基础逐步发展出了 GNSS 反射（global navigation satellite system-reflection，GNSS-R）遥感技术和 GNSS 干涉反射（global navigation satellite system-interferometric reflection，GNSS-IR）遥感技术[7-8]。目前，GNSS-R 和 GNSS-IR 技术被广泛应用于海风、海平面高度、土壤湿度、雪深等领域。GNSS-R 技术要求 GNSS 接收器同时配备左旋圆极化（left-handed circularly polarized，LHCP）和右旋圆极化（right-handed circularly polarized，RHCP）天线，以便能够同时接收来自卫星的直射信号和来自地球表面的反射信号。这使得 GNSS-R 技术对硬件的要求较高，成本较高，在一定程度上限制了该技术的发展和推广。GNSS-IR 技术仅需一台普通大地型测量接收机即可进行实验，具有低成本、高精度、高时频的特点。

　　GNSS-IR 技术是 20 世纪 90 年代基于 GNSS 技术发展起来的一种新型遥感技术，目前已经成为国内外遥感探测和导航技术领域的研究热点之一。如图 1-1 所示，在 GNSS 测量中，如果测站周围的反射物所反射的卫星信号进入接收机，这时反射信号会与直接来自卫星的直射信号产生干涉，从而造成接收机观测值与真值之间存在一定的偏差，产生所谓的"多路径误差"，这种由多路径的信号传播所引起的干涉时延效应被称为多路径效应。多路径效应将严重损害 GNSS 测量精度，甚至引起信号的失锁，是 GNSS 测量中一个重要误差来源。但是，从电磁波传播的基本理论来看，该反射信号中携带着反射面的特性信息，即反射信号波形的变化，极化特征的变化，增幅、相位和频率等参数的变化都直接反映了反射面的物理参数变化，所以 GNSS-IR 技术的核心就是利用卫星直射信号和反射信号在接收机处发生的干涉来进行地表物理参数的测量。

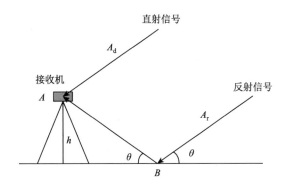

图 1-1　GNSS-IR 原理示意图

1.2.2　GNSS-IR 技术的特点和优势

GNSS-IR 技术是利用卫星直射信号和反射信号在 GNSS 接收机单一右旋圆极化（RHCP）天线处叠加所产生的干涉现象来提取地表反射面的物理特征。与传统遥感手段相比，其特点和优势集中体现为以下四点。

1. 低成本

利用 GNSS-IR 技术提取地表反射面的物理特征，采用的是全球共享的 GNSS 星座为多源微波信号发射源，因此无须单独制造特定的发射机，从而大大降低了成本，且 GNSS-IR 技术仅需一台普通大地型测量接收机即可进行地表物理参数提取，而普通大地型测量接收机的复杂度和成本均较低，体积和重量也较小。因此，对比传统遥感探测手段，GNSS-IR 技术具有低成本的优势。

2. 大量信号源

目前，可利用的卫星多达上百颗，包括 31 颗 GPS 卫星、24 颗 GLONASS 卫星、22 颗 Galileo 卫星以及 52 颗 BDS 卫星。后续随着四大 GNSS 系统的更新、完善以及更多区域增强系统的组建，GNSS-IR 技术可用信号源的数量将逐步增多。这有利于实现低成本、大范围、高时频的数据采集和目标地表物理参数反演应用。

3. 全天候观测

GNSS-IR 使用 L 波段作为微波信号资源，具有覆盖全球、全天候、高度稳定等特点，应用范围广泛，且不受云雨及极端天气现象影响，能够全天候全方位获取海面和陆地表面卫星反射信息。

4. 全天时观测

GNSS 在空间星座上的设计，使得任何时刻在地球大多数地方都至少观测到 4 颗卫星信号，对于同一个地点来说，可以实现全时段连续性观测。

1.3 GNSS-R/IR 技术的发展

1.3.1 国外研究现状

早在 1988 年，欧空局 Hall 等就指出，GPS 的 L 波段经地表反射后，可被用作海洋散射计[9]。1993 年，欧空局 Martin-Neira 首次提出利用 GPS 的反射信号进行海洋高度测量的想法，即无源反射和干涉测量系统（passive reflectometry and interferometry system，PARIS）[10]。1994 年，Auber 等在空中进行飞行实验时，发现接收机不仅能接收到 GPS 的直射信号，还能接收到海面的反射信号，这也证明了利用 GPS 反射信号进行海洋高程测量的可行性[11]。1997 年，美国国家航空航天局（NASA）使用专门的 GPS 接收器和朝向天底的 LHCP 天线进行了一系列飞机实验[12]。由此拉开了利用 GNSS 反射信号监测海洋相关参数的序幕，并将这种方法定义为 GNSS-R 技术，目前 GNSS-R 技术在海面高度[13-16]、海风[17-19]、海冰[20-22]、海面溢油探测[23-25]等方面都有着重要的应用。

随着 GNSS-R 技术的发展，越来越多学者开始转向地表参数反演的研究中。GNSS 信号主要采用 L 波段进行传输，L 波段属于微波，因此该波段的电磁波可以穿透云层以及植被到达地面，到达地面的 GNSS 信号在反射面处受介电常数的影响很大，可以反映出地面土壤介电常数的变化[26]。Hallikainen

等指出，地面的土壤介电常数与土壤含水量关系密切，其很大程度上取决于土壤含水量[27]。因此，理论上只需研究 GNSS 反射信号与介电常数之间的关系，即可实现土壤湿度的监测。1998 年，Garrison 等发现来自陆地的 GNSS 反射信号和来自海面的反射信号具有相似性[13]。2000 年，Masters 等利用 GNSS-R 技术进行了土壤湿度的探测，首次将反射信号功率与土壤湿度联系起来[28]。2002 年，NASA 利用飞机搭载特制的 GNSS-R 接收机开展了土壤湿度探测实验 SMEX02（soil moisture experiment 2002），此次实验验证了 GNSS-R 技术可以有效地测量土壤湿度[29]。但是，由于 GNSS-R 技术对硬件的要求较高，其成本较高，因此在一定程度上限制了其推广和应用。

1998 年，Kavak 等提出利用卫星直射信号和反射信号在 GNSS 接收机单一 RHCP 天线处叠加所产生的干涉现象进行地面介电常数测量[30]。2008 年，Larson 等利用连续运行的 GNSS 接收机观测数据中的信噪比（signal-to-noise ratio，SNR）数据进行土壤湿度反演研究，研究发现反射信号的振幅、相位的变化趋势与土壤湿度的总体变化趋势吻合度较好[31]。2009 年，Zavorotny 等建立了一个 GPS 直、反射信号干涉的物理模型，以此来验证土壤湿度的变化是否会引起多径干涉相位和振幅的变化[32]。同年，Rodriguez-Alvarez 等提出了干涉图样技术（interference pattern technique，IPT），并利用特制的 GNSS 接收机（SMIGOL Reflectometer）进行了土壤湿度监测实验，实验结果也再次表明了利用 GPS 直、反射信号的干涉信号可以实现土壤湿度的有效监测[33]。Larson、Zavorotny、Rodriguez-Alvarez 等的发现均证明了卫星直射信号和反射信号产生的干涉信号可以实现土壤湿度的探测，至此一种新型的 GNSS 遥感技术——GNSS-IR 技术被提出。由于 GNSS-IR 技术只需一台普通大地型测量接收机即可进行实验，从而显著降低了利用 GNSS 反射信号监测土壤湿度的成本。在随后的研究中发现，反射信号的振幅可以较好地反映出测站周围 1 000 m^2 内土壤表层 1～6 cm 内的土壤湿度变化，且反射信号的干涉相位和卫星高度角的变化与土壤湿度有一定的相关性，但当土壤湿度小于 10%时，相关性会有所减弱[34-35]。2013 年，Chew 等利用文献[45]提出的模型进行了模拟实验，结果表明 GPS 反射信号的干涉相位与表层土壤湿度呈线性相关，是反演土壤湿度的最优参数[36]。由于在低卫星高度角（5°～30°）的情况下，反射信号的 SNR 受多路径效应的影响较为严重，此时的 SNR 观测值中包含着大量测站周围的地表环境参数信息。因此，在 GNSS-IR 的相关研究中主要采用 5°～30°的 SNR 数据作为研究对象。2016 年，Roussel 等将低卫星高度角（2°～30°）和高卫星高度角（30°～70°）SNR 数据中提取出的观测量进行了融合，融合后的结果高于融合前观测量与土壤湿度间的相关性[37]。同年，Vey 等分别用 GPS L1 和 L2 载波进行了土壤湿度反演，并将 L1 和 L2 载波反演结果与实测土壤湿度数据进行对比,结果表明 L2 载波反演得到的土壤湿度结果优于用 L1 载波反演得到的结果[38]。

1.3.2　国内研究现状

国内对 GNSS-R 技术的研究起步较晚，早期也主要集中于海洋方面[39-41]。在监测土壤湿度方面，国内部分学者进行了相关实验，利用 GNSS-R 技术、GNSS-IR 技术进行土壤湿度反演，均可获得较好的结果[42-44]。2015 年，敖敏思等利用美国板块边缘观测（plate boundary observatory，PBO）计划提供的GNSS 观测数据与实测土壤湿度数据开展对比分析，实验结果验证了反射信号的相位能反映土壤湿度的变化，并指出两者之间的关系可以通过指数函数较好地呈现[45]。2016 年，汉牟田等在考虑天线增益、土壤介电常数和噪声对反演土壤湿度的影响后，推导出一种 GNSS 干涉信号振幅反演土壤湿度的半经验模型[46]。2017 年，金双根等对 GNSS-R 干涉测量的最新进展和应用前景进行了综合分析，并指出 GNSS-R 技术将来可用于自然灾害监测[47]。由于 GNSS 反射信号的振幅和相位与土壤湿度之间被证实为复杂的非线性关系，考虑机器学习能较好地处理非线性问题，丰秋林等利用 BP 神经网络将 L2C 载波反射信号的相位和振幅进行融合，并将融合结果用于土壤湿度反演，该方法较传统线性回归模型具有明显的优势[48]。Liang 等提出一种基于遗传算法优化反向传播（GA-BP）神经网络反演土壤湿度模型，该模型能较好地预测土壤湿度的变化，且验证了非线性模型能较好地描述干涉相位与土壤湿度之间的关系[49]。孙波等提出基于遗传算法优化支持向量机（GA-SVM）的土壤湿度反演模型，反演得到的土壤湿度值与实测土壤湿度值之间的相关系数达到了

0.956 9[50]。通过增加观测次数来提高观测精度一直是测量常用的手段之一，考虑将多颗卫星的干涉相位一起用来反演土壤湿度，以此来提高反演土壤湿度的精度，任超等提出了一种基于最小二乘支持向量机（least squares support vector machine，LS-SVM）的多星非线性融合滑动估算土壤湿度方法，结果表明多星融合反演土壤湿度的精度相较于单星反演有了较为明显的提高[51]。李婷等根据卫星截止高度角的变化特征进行选星，并进行多星融合，以此来提高利用 GPS-MR 技术反演土壤湿度的时间分辨率[52]。任超、梁月吉等分别利用多元非线性回归模型和多元线性回归模型进行多星融合反演土壤湿度，反演结果与参考值之间的相关系数均达到 0.9 以上[53-54]。随着中国 BDS 的建立，国内学者意识到利用 BDS 数据进行土壤湿度反演的潜力，随即进行了相应的研究。严颂华等利用采集的两个月的武汉 BDS 数据进行实验分析，结果表明，利用 BDS B1 波段干涉信号进行土壤湿度反演是可行的，利用 BDS B1 波段干涉信号反演得到的土壤湿度值与实测土壤湿度之间的相关性达到了 0.8[55]。邹文博等提出了一种以 BDS GEO 卫星反射信号为基础的长期土壤湿度连续监测方法，该方法较 BDS IGSO 和 BDS MEO 卫星可以省略定位解算环节，可快速实现某一区域土壤湿度的长期连续性监测[56]。杨磊等提出一种利用支持向量回归机（support vector regression machine，SVRM）将 BDS GEO 卫星直射、反射信号功率、卫星截止高度角、卫星方位角进行融合，进而反演土壤湿度的方法，结果显示利用该方法获取的土壤湿度与实测土壤湿度之间的误差在 3%以内[57]。Yang 等提出一种用于 BDS 干涉信号的解析模型，利用该模型可以从 SNR 数据中提取出介电常数，并根据提取的介电常数进行土壤湿度反演研究[58]。

1.4 本 书 结 构

本书第 1 章从导航卫星系统介绍入手，从 GNSS-R/IR 的基本概念出发，全面介绍了 GNSS-R/IR 技术及其应用领域，并总结了国内外 GNSS-R/IR 研究的现状。第 2 章详细介绍 GNSS 信号的基本理论，以及 GNSS 直、反射信号的数学描述。第 3 章详细介绍采用低阶多项式以及小波分析分解卫星直、反射信号的数学模型以及反射信号相位提取方法。第 4 章和第 5 章分别从植被含水量、土壤湿度测量两个方面介绍了研究团队在 GNSS-IR 领域的应用实践。第 6 章，对目前 GNSS-IR 在测雪深、GNSS-R 在测海冰等方面的研究进行了简要的介绍。

参 考 文 献

[1] Hofmann-Wellenhof B，Lichtenegger H，Wasle E. GNSS-Global Navigation Satellite Systems：GPS，GLONASS，Galileo，and More[M]. Berlin：Springer Science & Business Media，2007.

[2] 曾庆化，刘建业，赵伟. 全球导航卫星系统[M]. 北京：国防工业出版社，2014.

[3] U. S. Coast Guard Navigation Center. GPS Constellation Status for 09/18/2020[EB/OL]. https://www.navcen.uscg.gov/?Do=constellationStatus，2020-09-18.

[4] European Global Navigation Satellite System Agency. Constellation Information[EB/OL]. https://www.gsc-europa.eu/system-service-status/constellation-information，2020-09-18.

[5] 杨元喜. 北斗卫星导航系统的进展、贡献与挑战[J]. 测绘学报，2010，39（1）：1-6.

[6] 中国卫星导航系统管理办公室测试评估研究中心. 北斗系统星座状态[EB/OL]. http://www.csno-tarc.cn/system/constellation，2020-09-18.

[7] Jin S，Feng G P，Gleason S. Remote sensing using GNSS signals：Current status and future directions[J]. Advances in Space Research，2011，47（10）：1645-1653.

[8] Jin S，Cardellach E，Xie F. GNSS Remote Sensing[M]. Dordrecht：Springer，2014.

[9] Hall C D，Cordey R A. Multistatic scatterometry[C]//International Geoscience and Remote Sensing Symposium，'Remote Sensing：Moving Toward the 21st Century'. IEEE，1988，1：561-562.

[10] Martín-Neira M. A passive reflectometry and interferometry system（PARIS）：Application to ocean altimetry[J]. ESA Journal，1993，17（4）：331-355.

[11] Auber J C，Bibaut A，Rigal J M. Characterization of multipath on land and sea at GPS frequencies[C]//Proceedings of the 7th International Technical Meeting of the Satellite Division of the Institute of Navigation（ION GPS 1994），1994：1155-1171.

[12] Garrison J L，Katzberg S J. Detection of ocean reflected GPS signals：Theory and experiment[C]//Proceedings IEEE SOUTHEASTCON'97. 'Engineering the New Century'. IEEE，1997：290-294.

[13] Garrison J L，Katzberg S J，Hill M I. Effect of sea roughness on bistatically scattered range coded signals from the Global Positioning System[J]. Geophysical Research Letters，1998，25（13）：2257-2260.

[14] 王鑫，孙强，张训械，等. 中国首次岸基 GNSS-R 海洋遥感实验[J]. 科学通报，2008，53（5）：589-592.

[15] Martín-Neira M，Caparrini M，Font-Rossello J，et al. The PARIS concept：An experimental demonstration of sea surface altimetry using GPS reflected signals[J]. IEEE Transactions on Geoscience and Remote Sensing，2001，39（1）：142-150.

[16] 张双成，南阳，李振宇，等. GNSS-MR 技术用于潮位变化监测分析[J]. 测绘学报，2016，45（9）：

1042-1049.

[17] Foti G，Gommenginger C，Jales P，et al. Spaceborne GNSS reflectometry for ocean winds: First results from the UK TechDemoSat-1 mission[J]. Geophysical Research Letters，2015，42（13）：5435-5441.

[18] 杨东凯，刘毅，王峰. 星载 GNSS-R 海面风速反演方法研究[J]. 电子与信息学报，2018，40（2）：462-469.

[19] Park J，Johnson J T. A study of wind direction effects on sea surface specular scattering for GNSS-R applications[J]. IEEE Journal of Selected Topics in Applied Earth Observations and Remote Sensing，2017，10（11）：4677-4685.

[20] Fabra F，Cardellach E，Rius A，et al. Phase altimetry with dual polarization GNSS-R over sea ice[J]. IEEE Transactions on Geoscience and Remote Sensing，2011，50（6）：2112-2121.

[21] Li W，Cardellach E，Fabra F，et al. First spaceborne phase altimetry over sea ice using TechDemoSat-1 GNSS-R signals[J]. Geophysical Research Letters，2017，44（16）：8369-8376.

[22] 张国栋，郭健，杨东凯，等. 星载 GNSS-R 海冰边界探测方法[J]. 武汉大学学报（信息科学版），2019，44（5）：668-674.

[23] Valencia E，Camps A，Rodriguez-Alvarez N，et al. Using GNSS-R imaging of the ocean surface for oil slick detection[J]. IEEE Journal of Selected Topics in Applied Earth Observations & Remote Sensing，2013，6（1）：217-223.

[24] Zhang Y，Chen S，Hong Z，et al. Feasibility of oil slick detection using BeiDou-R coastal simulation[J]. Mathematical Problems in Engineering，2017：1-8.

[25] 贾紫樱，张波，吴军，等. 岸基 GNSS-R 海上溢油探测方法[J]. 北京航空航天大学学报，2018，44（2）：383-390.

[26] Katzberg S J，Torres O，Grant M S，et al. Utilizing calibrated GPS reflected signals to estimate soil reflectivity and dielectric constant: Results from SMEX02[J]. Remote Sensing of Environment，2006，100（1）：17-28.

[27] Hallikainen M T，Ulaby F T，Dobson M C，et al. Microwave dielectric behavior of wet soil-part 1: Empirical models and experimental observations[J]. IEEE Transactions on Geoscience and Remote Sensing，1985（1）：25-34.

[28] Masters D，Zavorotny V，Katzberg S，et al. GPS signal scattering from land for moisture content determination[C]//IGARSS 2000. IEEE 2000 International Geoscience and Remote Sensing Symposium. Taking the Pulse of the Planet: The Role of Remote Sensing in Managing the Environment. Proceedings（Cat. No. 00CH37120）. IEEE，2000，7：3090-3092.

[29] Masters D，Axelrad P，Katzberg S. Initial results of land-reflected GPS bistatic radar measurements in SMEX02[J]. Remote Sensing of Environment，2004，92（4）：507-520.

[30] Kavak A，Vogel W J，Xu G H. Using GPS to measure ground complex permittivity[J]. Electronics Letters，1998，34（3）：254-255.

[31] Larson K M，Small E E，Gutmann E，et al. Using GPS multipath to measure soil moisture fluctuations: Initial results[J]. GPS Solutions，2008，12（3）：173-177.

[32] Zavorotny V U，Larson K M，Braun J J，et al. A physical model for GPS multipath caused by land reflections: Toward bare soil moisture retrievals[J]. IEEE Journal of Selected Topics in Applied Earth

Observations and Remote Sensing，2009，3（1）：100-110.

[33]　Rodriguez-Alvarez N，Bosch-Lluis X，Camps A，et al. Soil moisture retrieval using GNSS-R techniques：Experimental results over a bare soil field[J]. IEEE Transactions on Geoscience and Remote Sensing，2009，47（11）：3616-3624.

[34]　Larson K M，Small E E，Gutmann E D，et al. Use of GPS receivers as a soil moisture network for water cycle studies[J]. Geophysical Research Letters，2008，35（24）：1-5.

[35]　Larson K M，Braun J J，Small E E，et al. GPS multipath and its relation to near-surface soil moisture content[J]. IEEE Journal of Selected Topics in Applied Earth Observations and Remote Sensing，2009，3（1）：91-99.

[36]　Chew C C，Small E E，Larson K M，et al. Effects of near-surface soil moisture on GPS SNR data：Development of a retrieval algorithm for soil moisture[J]. IEEE Transactions on Geoscience and Remote Sensing，2013，52（1）：537-543.

[37]　Roussel N，Frappart F，Ramillien G，et al. Detection of soil moisture variations using GPS and GLONASS SNR data for elevation angles ranging from 2 to 70[J]. IEEE Journal of Selected Topics in Applied Earth Observations and Remote Sensing，2016，9（10）：4781-4794.

[38]　Vey S，Güntner A，Wickert J，et al. Long-term soil moisture dynamics derived from GNSS interferometric reflectometry：A case study for Sutherland，South Africa[J]. GPS Solutions，2016，20（4）：641-654.

[39]　周兆明，符养，薛震刚，等. 利用 GNSS-R 遥感海面风场研究[C]//中国气象学会. 中国气象学会 2005 年年会论文集. 2005：8.

[40]　符养，周兆. GNSS-R 海洋遥感方法研究[J]. 武汉大学学报（信息科学版），2006（2）：128-131.

[41]　张训械，邵连军，王鑫，等. GNSS-R 地基实验[J]. 全球定位系统，2006（5）：4-8，12.

[42]　关止，赵凯，宋冬生. 利用反射 GPS 信号遥感土壤湿度[J]. 地球科学进展，2006（7）：747-750，770.

[43]　张训械，严颂华. 利用 GNSS-R 反射信号估计土壤湿度[J]. 全球定位系统，2009，34（3）：1-6.

[44]　王迎强，严卫，符养，等. 机载 GPS 反射信号土壤湿度测量技术[J]. 遥感学报，2009，13（4）：678-685.

[45]　敖敏思，朱建军，胡友健，等. 利用 SNR 观测值进行 GPS 土壤湿度监测[J]. 武汉大学学报（信息科学版），2015，40（1）：117-120，127.

[46]　汉牟田，张波，杨东凯，等. 利用 GNSS 干涉信号振荡幅度反演土壤湿度[J]. 测绘学报，2016，45（11）：1293-1300.

[47]　金双根，张勤耘，钱晓东. 全球导航卫星系统反射测量（GNSS + R）最新进展与应用前景[J]. 测绘学报，2017，46（10）：1389-1398.

[48]　丰秋林，郑南山，刘晨，等. BP 神经网络辅助的 GNSS 反射信号土壤湿度反演[J]. 测绘科学，2018，43（8）：157-162.

[49]　Liang Y J，Ren C，Wang H Y，et al. Research on soil moisture inversion method based on GA-BP neural network model[J]. International Journal of Remote Sensing，2019，40（5-6）：2087-2103.

[50]　孙波，梁勇，汉牟田，等. 基于 GA-SVM 的 GNSS-IR 土壤湿度反演方法[J]. 北京航空航天大学学报，2019，45（3）：486-492.

[51]　Ren C，Liang Y，Lu X，et al. Research on the soil moisture sliding estimation method using the LS-SVM

based on multi-satellite fusion[J]. International Journal of Remote Sensing，2019，40（5-6）：2104-2119.

[52] 李婷，张显云，龙新，等. 多卫星组合的 GPS-MR 土壤湿度反演[J]. 大地测量与地球动力学，2019，39（6）：643-647.

[53] 任超，潘亚龙，梁月吉，等. 基于 GPS-IR 的土壤湿度多星非线性回归估算模型[J]. 遥感信息，2020，35（2）：14-18.

[54] 梁月吉，任超，黄仪邦，等. 利用 GPS-IR 监测土壤湿度的多星线性回归反演模型[J]. 测绘学报，2020，49（7）：833-842.

[55] Yan S H，Zhao F，Chen N C，et al. Soil moisture estimation based on BeiDou B1 interference signal analysis[J]. Science China Earth Sciences，2016，59（12）：2427-2440.

[56] 邹文博，张波，洪学宝，等. 利用北斗 GEO 卫星反射信号反演土壤湿度[J]. 测绘学报，2016，45（2）：199.

[57] 杨磊，吴秋兰，张波，等. SVRM 辅助的北斗 GEO 卫星反射信号土壤湿度反演方法[J]. 北京航空航天大学学报，2016，42（6）：1134-1141.

[58] Yang T，Wan W，Chen X，et al. Using BDS SNR observations to measure near-surface soil moisture fluctuations：Results from low vegetated surface[J]. IEEE Geoscience and Remote Sensing Letters，2017，14（8）：1308-1312.

第 2 章　GNSS 信号基本理论

2.1　电磁波的极化和反射

2.1.1　电磁波的极化

根据麦克斯韦电磁场理论，变化的电场能够在它周围引起变化的磁场，这一变化的电场和磁场交替产生，以有限的速度由近及远在空间内传播的过程称为电磁波[1]，而 GNSS 发射的信号就是一种采用 L 波段发射的电磁波。电磁波是一种横波，它可以表示为

$$\begin{cases} \dfrac{\mu}{c} \cdot \dfrac{\partial \boldsymbol{H}}{\partial t} = -\dfrac{\partial \boldsymbol{E}}{\partial x} \\[3mm] \dfrac{\varepsilon}{c} \cdot \dfrac{\partial \boldsymbol{E}}{\partial t} = -\dfrac{\partial \boldsymbol{H}}{\partial x} \end{cases} \tag{2.1}$$

式中，ε 为介质的介电常数；μ 为相对磁导率；t 为时间；c 为光速；$\boldsymbol{E}$ 为电场强度矢量；$\boldsymbol{H}$ 为磁场强度矢量。式（2.1）说明了随着时间变化的磁场能激发电场，反之随时间变化的电场能激发磁场。由式（2.1）可以推导出电磁波在介质中传播的速度（V）：

$$V = \frac{c}{\sqrt{\varepsilon\mu}} \tag{2.2}$$

式中，ε 和 μ 均大于等于 1，因此可知电磁波在介质中传播速度小于光速 c，但在真空条件下，其速度等于 c。当电场强度为 $\boldsymbol{E}$ 时，电磁场的每个分量均可以表示为以频率 ω 随时间 t 和空间坐标 s 按余弦规律变化的余弦函数：

$$E_x(t,s) = E_{x0}(t,s)\cos[\omega t - \varphi_x(s)] \tag{2.3}$$

$$E_y(t,s) = E_{y0}(t,s)\cos[\omega t - \varphi_y(s)] \tag{2.4}$$

电磁波电场强度这种取向和幅值随时间而变化的性质，在光学中称为

偏振。如果这种变化具有确定的规律，就称电磁波为极化电磁波（简称极化波）。

如果极化电磁波的电场强度始终在垂直于传播方向的（横）平面内取向，其电场强度矢量的端点沿一闭合轨迹移动，则这一极化电磁波称为平面极化波。电场的矢端轨迹称为极化曲线，并按极化曲线的形状对极化波命名。

有时为了避免对某种极化波的感应，采用极化性质与之正交的天线，如垂直极化天线与水平极化波正交；右旋圆极化天线与左旋圆极化波正交。这种配置条件称为极化隔离。

此外，在遥感、雷达目标识别等信息检测系统中，散射波的极化性质还能提供幅度、相位信息之外的附加信息。

在电动力学中，极化（或偏振）是波（如光和其他电磁辐射）的一个重要特性。与纵波如常见的声波不同，电磁波是三维的横波，正是由于其矢量特性，从而产生出极化这一现象。

对于单一频率的平面极化波，极化曲线是一椭圆（称极化椭圆），故称椭圆极化波。顺传播方向看去，若电场强度矢量的旋向为顺时针，符合右螺旋法则，称右旋极化波；若旋向为逆时针，符合左螺旋法则，称左旋极化波。按极化椭圆的几何参数，可直观地对椭圆极化波作定量描述，即轴比 ρ（长轴与短轴之比）。

发射和接收电磁波的天线都具有确定的极化性质，可根据其用作发射天线时在最强辐射方向上的电磁波极化而命名，如水平或垂直极化天线辐射水平或垂直极化波；右旋或左旋（椭）圆极化天线辐射右旋或左旋（椭）圆极化波。通常为了在收发天线之间实现最大的功率传输，应采用极化性质相同的接收天线和发射天线，这种配置条件称为极化匹配。

2.1.2　电磁波的反射

GNSS 信号作为一种穿透性较强的电磁波，按照一定的时间规律由卫星向地球发射多束信号，GNSS 接收机是 GNSS 系统的重要地面用户端，其主要功能是接收 GNSS 信号，并记录和提取卫星信号中的数据，当多束 GNSS

信号到达 GNSS 接收机时，一部分信号会通过测站周围地表的反射进入 GNSS 接收机，造成多路径效应[2]。多路径效应不仅与反射系数有关，也与反射物与测站接收机的距离以及卫星信号的方向有关，其中，卫星直射信号与反射信号相互叠加的矢量和会被接收机记录在 SNR 数据中，传统 GNSS 定位中，往往通过 SNR 观测数据来评估 GNSS 接收机的测量精度。

GNSS 信号在不同的介质和不同密度的介质中传播时，其传播速度和波长会发生改变，当电磁波从一种介质进入另一种介质或在不同密度的介质中传播时，两种介质交界处会发生反射、散射和折射。当反射面为光滑的镜面时，电磁波会发生镜面反射，镜面反射电磁波入射角和反射角相等；当反射面为粗糙界面时，电磁波会发生漫反射，漫反射会产生杂乱无章的反射方向。对于电磁波来说，介质可以分为导电和绝缘介质。对于导电介质，能量损耗与介质的电导率 σ 有关，而对于绝缘介质，则与介电常数 ε 有关。

当电磁波从一种介质向导电介质传播时，该介质内随着电磁波的传播产生电流流动，并且电荷在介质表面以指数形式衰减。电荷衰减的速度与导电介质的电导率 σ 有关，电导率 σ 越小，电荷衰减的速度越快；相反，电荷衰减速度越慢。导电性越强的介质，电磁波就会越难进入，能量损耗就会越少，反射系数相对就越高。

而当电磁波从一种介质进入绝缘介质时，在绝缘介质的内部和表面都会产生诱导电流，并在表面产生电荷。如果绝缘介质表面的线度远大于波长时，位于表面的电荷产生的次波会在真空中产生反射波，在其内部与之前的入射波叠加形成折射波。电磁波通过绝缘介质的透过率 $\eta = \lambda / \varepsilon$，其中，$\lambda$ 为电磁波波长；ε 为介电常数。可见当波长一定时，介电常数 ε 越大，透过率 η 越小，损耗的能量越少，从而反射系数越大。表 2-1 是电磁波在不同介质中的传播参数。

表 2-1　电磁波在不同介质中的传播参数

介质名称	相对介电常数 ε_r	电导率 σ /(mS/m)	衰减系数 α /(dB/m)
空气	1.0	0	0
海水	81	30 000	1 000

续表

介质名称	相对介电常数 ε_r	电导率 σ /(mS/m)	衰减系数 α /(dB/m)
淡水	81	0.5	0.1
土壤	2.6~40	1.4×10^{-4}~5×10^{-2}	20~30
黏土	5~40	2~1 000	1~300
淤泥	5~30	1~100	1~100

由表 2-1 可知,土壤的相对介电常数 ε_r 介于 2.6~40,淡水相对介电常数 ε_r 为 81。研究表明,土壤中水分的变化是导致介电常数变化的主要因素,温度差异对介质的相对介电常数也有一定的影响[3]。随着土壤中水分的增加,相对介电常数 ε_r 越大。水的介电常数都在 80 以上,理论上基本可以实现完全反射,但是电磁波在不同介质中的反射系数并不是恒定的,其与电磁波的频率和反射物的类型有关。表 2-2 是几种常见环境的反射系数[4]。

表 2-2　几种常见环境的反射系数

电磁波频率	水面	稻田	野地	森林、山地
2GHz	1.0	0.8	0.6	0.3
3GHz	1.0	0.8	0.5	0.2
6GHz	1.0	0.8	0.4	0.2
11GHz	1.0	0.8	0.3	0.16

由表 2-2 可知,不同的电磁波频率在部分环境中反射系数不一样,同一电磁波频率下,不同介质的反射系数也不一样。进一步对比发现,电磁波在水面的反射能力最强,能量损耗最低;在森林、山地等介质表面反射能力最弱,能量损耗较高,这些介质均是粗糙面,能量损耗多发生在散射和吸收等。此外,GNSS 卫星发射的电磁波信号是右旋极化的直射信号,根据电磁波理论,经过反射面反射后形成的左旋极化反射信号与右旋极化信号混合后形成矢量信号。目前大部分接收机均用于定位、导航和授时等功能,利用的是卫星发射的右旋极化直射信号,往往左旋极化信号作为误差来源。因此,大部分接收机安装的是右旋极化天线,这种天线能够在一定程度上抑制反射信

号引起的多路径效应，从而达到消除或削弱多路径效应对定位和导航精度的影响。

2.2　GNSS 反射信号基础

2.2.1　GNSS-IR 几何关系描述

当电磁波从发射源向外辐射时，遇到物体表面后会发生反射、折射、绕射和散射的现象，具体发生什么现象与电磁波波长以及物体表面的形状、粗糙程度等因素有关[5]。根据物体表面粗糙度的不同，GNSS 信号的反射类型可以分为镜面反射和粗糙表面反射两种情况，GNSS 信号反射过程与地表反射面粗糙度关系如图 2-1 所示。

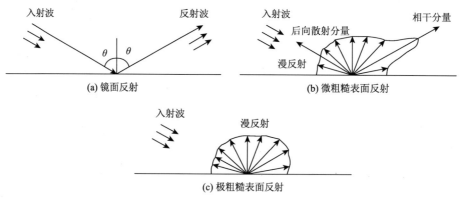

图 2-1　GNSS 信号反射过程与地表反射面粗糙度关系

如图 2-1（a）所示，在理想的镜面条件下，电磁波将发生镜面反射，反射波方向与反射平面法线的夹角（反射角）和入射波方向与该反射平面法线的夹角（入射角）相等。但是在 GNSS 信号传播的过程中，理想的镜面条件基本不存在，更多的是粗糙表面，GNSS 信号经过粗糙表面反射后产生的宏观上无序的散射现象称为漫反射[6]。如图 2-1（b）所示，在微粗糙表面的情况下，反射过程既包含漫反射，也包括镜面反射，虽然此时镜面反射的功率比光滑表面情况下要小，但相较于漫反射，镜面反射分量仍较强。如图 2-1（c）所示，当反射面表面非常粗糙时，可以认为仅存在漫反射分量，且各方向的漫反射分量强度近乎相等。在 GNSS 信号反射过程中，与入射方向相同的散射分量称为前向散射，与入射方向相反的散射分量称为后向散射。利用 GNSS-R 技术监测土壤湿度主要使用前向散射，在平坦的地表情况下，地表属于微粗糙表面，此时前向散射的强度远远大于漫反射的强度。

　　GNSS 进行定位会受到各种因素影响，包括：与卫星有关的误差、与信号传播有关的误差、与接收机有关的误差和其他因素导致的误差。其中，GNSS 信号从 2 万多米的高空向地面发射的电磁波并不是按照一条直线传递到接收机的，而是向四面八方发射。因此，接收机天线在接收到直接来自卫星信号的同时，也会接收到由测站周围地物反射进入的信号，这两种不同路径的信号在接收机天线处相互叠加，成为一种新的复合信号，这种信号与直射信号相比，产生了路径延迟，这种现象被称为多路径效应。多路径效应往往被当作一种影响定位精度的误差项，随着 GNSS 技术的发展，不少学者发现卫星反射信号与地表物理参数存在一定的关系，近年来，基于多路径效应发展起来的 GNSS-IR 反演地表物理参数的研究日益增多，进一步证实了该技术反演土壤湿度的科学性和可行性。

　　GNSS 接收机接收到的复合信号被记录在 SNR 数据中，SNR 数据反映了接收机天线的增益参数，GNSS 卫星高度角与接收机天线增益存在正比例关系，当卫星高度角较低时，SNR 受测站周围地表环境影响较大，反之，较高的卫星高度角能够有效增大天线增益，减少测站周围地表环境影响。其中，卫星发射的直射信号和经地表反射后的反射信号可用公式表示为[7-8]

$$S_d = A_d \cos\varphi_d \tag{2.5}$$

$$S_r = \alpha A_d \cos(\varphi_d + \psi) \tag{2.6}$$

式中，S_d 为直射信号；S_r 为反射信号；A_d 为直射信号的振幅；φ_d 为直射信号的相位；α 为反射系数（$0 \leqslant \alpha \leqslant 1$）；$\psi$ 为卫星直射信号与反射信号之间的相位差。

　　由式（2.5）和式（2.6）可知复合信号为

$$SNR = S_d + S_r \tag{2.7}$$

式中，SNR 为合成信号，代表 SNR 观测值。进而得到反射信号幅度值的直角形式：

$$SNR^2 = S_d^2 + S_r^2 + 2S_d S_r \cos\psi \tag{2.8}$$

因此，GNSS 接收机往往同时接收到卫星直射和反射信号叠加的复合信号，多路径相位矢量关系图演示了同相（I）与正交（Q）之间的关系，如图 2-2 所示。图中，A_c 表示复合信号振幅；A_r 表示卫星反射信号振幅；φ_c 表示 SNR 复合相位。

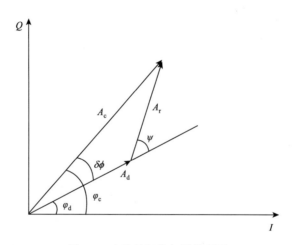

图 2-2　多路径相位矢量关系图

已有研究表明，随着卫星高度角 θ 变化，卫星直射信号与反射信号之间的相位差也会变化，相位差可用公式表示为[9]

$$\psi = \frac{4\pi h}{\lambda}\sin\theta \tag{2.9}$$

式中，h 为接收机天线高；λ 为载波波长；随卫星运行时间 t 变化，ψ 也会变化，其变化角频率 ω_t 可用公式表示为

$$\omega_t = \frac{d\psi}{dt} = \frac{4\pi h}{\lambda} \cdot \frac{d(\sin\theta)}{dt} \tag{2.10}$$

由式（2.6）可知，SNR 观测值与 ψ 存在一种正弦（或余弦）关系，那么，卫星反射信号与 $\sin\theta$ 也存在某种正弦（或余弦）的线性关系，表示为[10]

$$S_r = A_r \cos\left(\frac{4\pi h}{\lambda}\sin\theta + \varphi_r\right) \tag{2.11}$$

式中，φ_r 为卫星反射信号相对延迟相位，令 $x = \sin\theta$，$f = \frac{2h}{\lambda}$，式（2.11）简化得到

$$S_r = A_r \cos(2\pi f x + \varphi_r) \tag{2.12}$$

可见，A_r 和 φ_r 即为待求的 GNSS-IR 反演土壤湿度的特征参数，多路径效应通过 SNR 数据表现出来，SNR 中卫星反射信号分量中包含土壤湿度信息，因此，从反射信号中可以获取地表物理参数。Chew 等研究表明：相对延迟相位比相对幅度更有利于土壤湿度的反演，其与地表土壤湿度存在较强的相关性[11]。因此，本书选取相对延迟相位作为反演土壤湿度的特征参数。

2.2.2　菲涅尔反射区域

菲涅尔反射（Fresnel reflection）是由法国物理学家菲涅耳研究发现的，该方法描述了光在不同介质之间的行为。当电磁波垂直于不同介质表面时，反射较弱，而当电磁波非垂直于表面时，夹角越小，反射越明显。GNSS 信号在低卫星高度角下通过反射面时反射明显，反射点会构成一定的反射区域，该有效反射区域被称为第一菲涅尔反射区域（first Fresnel zone，FFZ）。根据菲涅尔反射理论，第一菲涅尔反射区域的大小和方位与 GNSS 接收机天线高、GNSS 信号波长、卫星高度角和方位角有关。菲涅尔反射区域是一个发射点到反射点与接收点到反射点的距离之和相等的点组成的椭圆，如图 2-3 所示。

GNSS 信号以入射角 θ 经过地面反射点 $(x_0,0,0)$ 反射到达高度为 h 的接收机，这时 GNSS 信号传播的路程最短。如果 GNSS 信号经过地面反射点 $(x,y,0)$ 反射的信号也进入接收机，则两个反射信号的路径之差 δ 可以表示为[12]

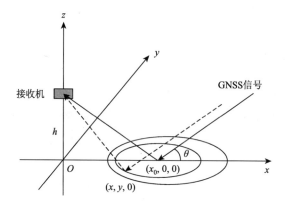

图 2-3　菲涅尔反射区域

$$\delta = \sqrt{x^2 + y^2 + h^2} - x\cos\theta - h\sin\theta \qquad (2.13)$$

此时反射面上点 (x, y) 组成椭圆的长半轴 a 和短半轴 b 可以表示为[13]

$$a = \frac{\sqrt{\delta^2 + 2\delta h\sin\theta}}{\sin^2\theta}, \quad b = \frac{\sqrt{\delta^2 + 2\delta h\sin\theta}}{\sin\theta} \qquad (2.14)$$

而这些椭圆中心点的坐标可以表示如下：

$$x_0 = \frac{\delta + h\sin\theta}{\sin\theta\tan\theta}, \quad y_0 = 0 \qquad (2.15)$$

当 δ 取 $\lambda/2$ 时，此时的椭圆即为第一菲涅尔反射区域，则此时式（2.14）可以表示为

$$a = \frac{b}{\sin\theta}, \quad b = \frac{\sqrt{\lambda^2 + 4\lambda h\sin\theta}}{2\sin\theta} \qquad (2.16)$$

此时椭圆的中心即为

$$x_0 = \frac{2h\sin\theta + \lambda}{2\sin\theta\tan\theta}, \quad y_0 = 0 \qquad (2.17)$$

由式（2.17）可知，第一菲涅尔反射区域是由卫星高度角、电磁波波长以及接收机天线高三者共同决定的，同时方位角也影响着菲涅尔反射区域的方向。假设天线高 h 为 2 m，接收机架设在 (0,0) 点，接收机接收 L2 载波信号，

卫星方位角为 90°时，根据式（2.17）可以得出菲涅尔反射区域随卫星高度角的变化关系，如图 2-4 所示。

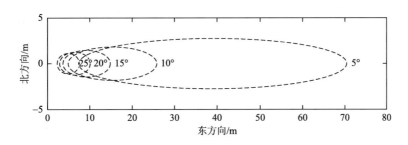

图 2-4　菲涅尔反射区域与卫星高度角的关系

由图 2-4 可知，当卫星高度角为 5°时，菲涅尔反射区域是一个长半轴 a 为 31.560 8 m，短半轴 b 为 2.750 7 m，面积为 272.735 m^2 的椭圆。当卫星高度角为 25°时，菲涅尔反射区域是一个长半轴 a 为 2.634 6 m，短半轴 b 为 1.113 2 m，面积为 9.212 m^2 的椭圆。可见，菲涅尔反射区域随着卫星高度角的增大而减小，两者呈现负相关关系。当菲涅尔反射区域随方位角、卫星高度角的变化而变化后，所有 GNSS 信号的有效反射区域可以形成一个近似半径 70 m 的圆形区域，圆形区域的面积约为 15 000 m^2，此时的面积即可以看作是 GNSS-R 监测土壤湿度的空间分辨率[14]。

假设卫星高度角为 5°，接收机接收 L2 载波信号时，菲涅尔反射区域与天线高的关系如图 2-5 所示。当天线高为 1 m 时，菲涅尔反射区域是一个长半轴 a 为 25.044 6 m，短半轴 b 为 2.182 8 m，面积为 171.743 m^2 的椭圆。当天线高

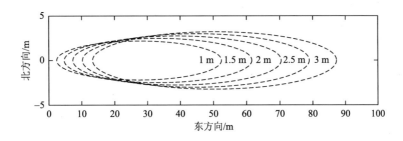

图 2-5　菲涅尔反射区域与天线高的关系

为 3 m 时，菲涅尔反射区域是一个长半轴 a 为 36.945 1 m，短半轴 b 为 3.220 0 m，面积为 373.734 m^2 的椭圆。可见，天线高越大，菲涅尔反射区域的面积越大，两者呈现正相关关系。

假设天线高为 2 m，卫星高度角为 5°时，接收机分别接收 L1、L2、L5 载波，此时菲涅尔反射区域随载波的变化关系如图 2-6 所示。L1、L2、L5 三种载波的频率分别为 1 575.42 MHz、1 227.60 MHz、1 176.45 MHz，波长分别为 0.190 3 m、0.244 2 m、0.254 8 m。从图中可见，由于 L1 载波的波长最短，因此其对应的菲涅尔反射区域最小。而 L2、L5 载波波长相似，因此两者的菲涅尔反射区域面积相差不大。

综上所述，利用 GNSS-R 技术监测土壤湿度的空间分辨率主要受卫星高度角、电磁波波长以及接收机天线高三者影响。随着四大 GNSS 系统的不断完善，接收机同一时刻能接收到更多不同载波、不同卫星高度角、不同方位角的 GNSS 信号，从而能够实现测站周围一定范围内土壤湿度的连续动态观测。

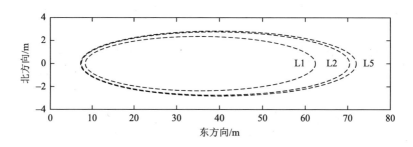

图 2-6　菲涅尔反射区域与载波的关系

2.3　直、反射信号数学描述

2.3.1　直射信号描述

从卫星发射的信号被称为直射信号，可以看作准单色的相位调制球面波信号，因此，在接收点 P 处的直射信号电场强度可以表示为

$$E_d(P,t) = A_{PF}(P_d)a\left(t - \frac{P_d}{c}\right)\exp(jkP_d - 2\pi jf_L t) \tag{2.18}$$

式中，$A_{PF}(P_d)$ 为卫星射频信号的幅度电平；P_d 为发射点 T 到接收点 P 的距离，是随着时间变化的函数；$a(t)$ 为卫星调制信号；$j^2 = -1$；$k = k(f_L) = 2\pi jf_L / c$ 为卫星和接收机之间的载波数；f_L 为 GNSS L 波段载波频率。

在 t_0 附近 $(t = t_0 + \Delta t)$ 将 $P_d(t_0 + \Delta t)$ 进行一阶泰勒级数展开，得到

$$
\begin{aligned}
|P_d(t_0 + \Delta t)| &= |P(t_0 + \Delta t) - T(t_0 + \Delta t)| \\
&= \left| P(t_0) + \frac{\partial P}{\partial t}\Delta t + \cdots - T(t_0) - \frac{\partial T}{\partial t}\Delta t - \cdots \right| \\
&\approx |P(t_0) - T(t_0) + \Delta t[v_r(t_0) - v_t(t_0)]| \\
&\approx P_d(t_0) + \Delta t[v_r(t_0) - v_t(t_0)] \cdot \nabla P_d(t_0)
\end{aligned} \tag{2.19}
$$

式中，v_r 和 v_t 为发射点和接收机之间运动速度矢量；$\nabla P_d(t_0)$ 为在 t_0 时刻从发射点到接收机的单位矢量。

如果只考虑指数项变化，接收信号电场强度可写成：

$$E_d(P,t) = E_d(P, t_0 + \Delta t) = E_d(P, t_0)\exp(-2\pi jf_D \Delta t) \tag{2.20}$$

$$f_D = (v_t(t_0) - v_r(t_0))\frac{\nabla P_d(t_0)}{\lambda} \tag{2.21}$$

在通常情况下，发射点和接收机相对运动引起的多普勒频移 f_D 在接收机中不断检测和补偿，用内置的载波跟踪环路完成，信号幅度为 $A_{PF} = \sqrt{R(P_d)}$，其中，$R(P_d)$ 为距离卫星 P_d 处的功率。

2.3.2　反射信号描述

1. 极化方式

电磁波反射后的特性与极化方向有关。GNSS 卫星发射的信号为右旋圆极化（RHCP）信号，所以接收到的直射信号的极化方式也是右旋极化。而反射信号的极化方式与介质特性有关，并随着入射角的变化而不同。例如，在海面遥感的应用中，右旋极化的直射信号到达海面，经过海面散射，反射信号会发生极性旋转，变为以左旋极化为主的信号，并且卫星高度角越大，其左旋极化比越大。

2. 信号强度

经过介质的反射，反射信号的强度较直射信号有很大的衰减，在接收信号时，为了提高接收信号的强度，必须增加接收天线的增益。不同高度的接收平台和不同应用对天线增益的要求不尽相同：在陆地或岸基应用中，反射信号的空间衰减较小，采用全向低增益天线即可满足要求；3～10 km 机载高度，多采用阵列式以 10 dB 左右的中等增益天线进行反射信号的接收；而低轨卫星的平台，则需要大于 20 dB 的高增益天线阵列。

GNSS 信号是一种扩频信号，卫星发射的信号分布在一个较宽的频带之内，卫星发射的限制以及远距离的空间造成的损耗，使得地面接收到的 GNSS 信号掩埋于噪声之中，无法对信号功率进行测量只能通过相关处理后完成。反射信号与直射信号相比，其经过地面的反射功率会大幅衰减，同样也只能通过相关处理得到较高的增益后才能加以分析利用。

反射信号是直射信号经过反射形成的信号类型，因此，可以通过直射信号推导出来，尽管不同的反射面反射信号略有不同，但是表达形式基本一致。本节通过导航卫星在海面上的反射为例进行介绍。海面反射信号为不同海面反射区域共同作用的结果。由于反射区域面积较小，可忽略地球曲率的影响。反射信号关系示意图如图 2-7 所示。

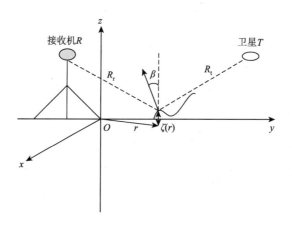

图 2-7　反射信号关系示意图

假设反射点 S 的坐标为 (x, y, ζ) ，$\zeta = \zeta(x, y)$ 为海面高度随机变量。

接收机接收到反射信号与本地 t_0 时刻产生的伪随机码与卫星天线在 $t_0 + \tau$ 时刻的输出信号 u_R 进行互相关，得到的相关函数为

$$Y(t_0, \tau) = \int_0^{T_i} u_R(t_0 + t' + \tau) a(t_0 + t') \exp[2\pi j(f_L + \hat{f}_R + f_0)(t_0 + t')] \mathrm{d}t' \quad (2.22)$$

式中，T_i 为相关积分时间；f_L 为接收信号的中心频率；$\hat{f}_R$ 为镜面反射点处的多普勒频移估计值；f_0 为特定的某个多普勒频移。

对于直射信号而言，接收机产生的伪随机码与反射信号的伪随机码只有一个时间延迟的差别，通过不同的时间延迟与本地码进行互相关操作，当相关函数达到最大时，表示卫星到接收机的距离信息。反射信号的相关函数与直射信号基本类似，同样为接收的反射信号与本地产生的伪随机码之间的相关值。但是，由于反射面具有一定的粗糙度，信号的特征更为复杂，表现为信号幅度的衰减以及不同的时间延迟和不同多普勒信号的叠加。

反射信号的相关值需要从时间延迟和多普勒频率两个维度予以考虑。因此，针对反射信号的相关函数可以分为三个方向：时延一维相关函数、多普勒一维相关函数和时延-多普勒二维相关函数。

2.4　小　　结

本章以 GNSS 信号基本理论为对象展开详细分析，从理论层面给出了电磁波的定义，并对电磁波的极化和反射进行了详细介绍，进而对 GNSS 反射信号几何原理及反射区域计算模型进行介绍，结合算例分析了采用菲涅尔反射原理确定卫星反射信号有效反射区域的结果。最后对 GNSS 卫星直、反射信号进行了数学描述。

参 考 文 献

[1]　孙家抦. 遥感原理与应用[M]. 3 版. 武汉：武汉大学出版社，2013.

[2]　施建成，杜阳，杜今阳，等. 微波遥感地表参数反演进展[J]. 中国科学：地球科学，2012，42（6）：
　　　814-842.

[3]　马柱国，魏和林，符淙斌. 中国东部区域土壤湿度的变化及其与气候变率的关系[J]. 气象学报，2000（3）：
　　　278-287.

[4]　　郑中天. 结合 GA-BP 的 GPS-IR 雪深反演研究[D]. 桂林：桂林理工大学，2018.

[5]　　杨东凯，张其善. GNSS 反射信号处理基础与实践[M]. 北京：电子工业出版社，2012.

[6]　　舒宁. 微波遥感原理[M]. 武汉：武汉大学出版社，2000.

[7]　　王笑蕾. 地基 GNSS 近地空间水环境遥感监测研究[D]. 西安：长安大学，2018.

[8]　　马小东. GNSS-R 反射信号特征分析及仿真[D]. 北京：北京化工大学，2013.

[9]　　叶险峰. 基于 GNSS 信噪比数据的测站环境误差处理方法及其应用研究[D]. 北京：中国地质大学，2016.

[10]　　吴继忠，王天，吴玮. 利用 GPS-IR 监测土壤含水量的反演模型[J]. 武汉大学学报（信息科学版），2018，43（6）：887-892.

[11]　　Chew C，Small E E，Larson K M. An algorithm for soil moisture estimation using GPS-interferometric reflectometry for bare and vegetated soil[J]. GPS Solutions，2016，20（3）：525-537.

[12]　　彭学峰，万玮，李飞，等. GNSS-R 土壤水分遥感的适宜性分析[J]. 遥感学报，2017，21（3）：341-350.

[13]　　Hristov H D. Fresnal zones in wireless links，zone plate lenses and Antennas[M]. Norwood：Artech House，Inc.，2000.

[14]　　Katzberg S J，Torres O，Grant M S，et al. Utilizing calibrated GPS reflected signals to estimate soil reflectivity and dielectric constant：Results from SMEX02[J]. Remote Sensing of Environment，2006，100（1）：17-28.

第3章 GNSS 信号处理

3.1 GNSS 直、反射信号分离

3.1.1 信噪比

信号接收功率的强弱并不能完整地用来描述信号的清晰程度或质量好坏，还需要知道信号对于噪声的强弱。信号质量通常采用信噪比（SNR）来衡量，其定义为信号功率 P_R 与噪声功率 N 之间的比率：

$$\text{SNR} = \frac{P_R}{N} \tag{3.1}$$

SNR 是一个无量纲的观测量，其值通常表达成分贝的形式。显然，信噪比越高，观测信号的质量越好。考虑接收机中的热噪声，噪声功率可用大小相同的热噪声功率所对应的温度 T 等价表示：

$$N = kTB_n \tag{3.2}$$

式中，N 的单位为 W；B_n 为以赫兹作为单位的噪声带宽；k 为玻尔兹曼常数 1.38×10^{-23} J/K。

由于噪声功率 N 以及相应的信噪比与噪声带宽 B_n 的取值大小有关，因而每次给定一个信噪比值，一般应当随机指出其所采用的噪声带宽值，因而时常会给信噪比的应用带来不便。因此一般采用载噪比 C/N_0 来描述一个与噪声带宽 B_n 无关的量，其定义如下：

$$C/N_0 = \frac{P_R}{N_0} \tag{3.3}$$

式中，C/N_0 的单位为 Hz（或 dB-Hz），以 W/Hz（或 dBW/Hz）为单位的 N_0 等于：

$$N_0 = kT \tag{3.4}$$

对于一般接收机而言，N_0 的典型值为–205 dBW/Hz，则 GPS 载波 L1 上

−160 dBW 信号标称最低功率相当于 45 dB-Hz 的载噪比。载噪比一般在 35～55 dB-Hz 内变动，大于 40 dB-Hz 认为是强信号，低于 28 dB-Hz 是弱信号。

在 GNSS 测量中，反射信号与直射信号产生干涉，直射信号振幅、反射信号振幅和信噪比之间存在如下关系：

$$\mathrm{SNR} = \frac{A^2}{2P_{\mathrm{noise}}} = \frac{1}{2P_{\mathrm{noise}}}[A_{\mathrm{d}}^2 + A_{\mathrm{r}}^2 + 2A_{\mathrm{d}}A_{\mathrm{r}}\cos\psi(t)] \tag{3.5}$$

式中，P_{noise} 为噪声功率。利用低阶多项式去除直射信号影响，可得

$$\mathrm{SNR_r} \approx \frac{A_{\mathrm{d}}A_{\mathrm{r}}}{P_{\mathrm{noise}}}\cos\psi(t) \tag{3.6}$$

GNSS-IR 的核心观测值就是 SNR，GNSS 接收机接收到来自测站附近地表环境反射的卫星信号和卫星直射信号相互叠加干涉产生多路径误差，并记录在 SNR 观测文件中。因此，利用 SNR 中的物理参数相对延迟相位可实现土壤湿度的反演。SNR 可以用直射和反射信号表示为

$$\mathrm{SNR} = S_{\mathrm{d}}(0) + S_{\mathrm{r}}(\varphi) \tag{3.7}$$

式中，SNR 为信噪比观测值；$S_{\mathrm{d}}(0)$ 为直射信号，"0" 代表初始相位；$S_{\mathrm{r}}(\varphi)$ 为反射信号，"φ" 代表反射信号相位值，如图 3-1 所示。GPS 卫星 L2 载波经 TEQC（translation，editing，and quality checking）解算得到 SNR 观测值。

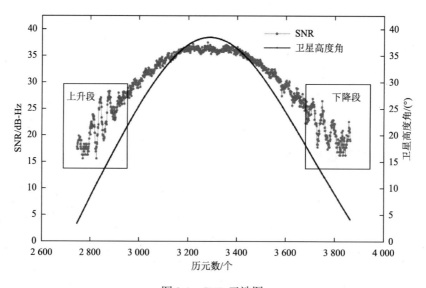

图 3-1　SNR 干涉图

可见，卫星在经过测站上空时，包括上升和下降两个运行时段。在低卫星高度角下，SNR 波动显著（图 3-1 中的实线框区域），受多路径效应影响较大，土壤湿度信息主要包含在多路径影响成分中。

当天线高度较低时，GPS 直、反射信号的频率相同。SNR 可用直角形式表示为

$$SNR^2 = S_d^2 + S_r^2 + 2S_d S_r \cos\psi \qquad (3.8)$$

式中，ψ 为直射信号和反射信号的相位差。因此，GNSS 接收机接收的信号往往是卫星直射、反射信号叠加的混合信号，如图 3-2 所示。

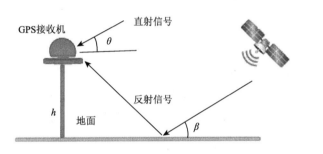

图 3-2　多路径误差几何模型

图 3-2 中，θ 代表卫星信号入射高度角，h 代表天线距离地面的垂直高度，β 代表卫星信号入射与地面间反射的夹角。一般在测站周围地表平坦的条件下，反射信号入射高度角为 β。SNR 观测值与 ψ 之间存在一种正弦或余弦关系，而且 GNSS 土壤湿度仅与多路径反射信号相关，那么，去除 GPS 卫星直射信号后的多路径反射信号随卫星高度角呈现指数变化，因此，要将 SNR 的原始单位（dB-Hz）变换为以功率（volts）为单位的 SNR 时间序列：

$$SNR\left(\frac{volts}{volts}\right) = 10^{\frac{SNR(dB-Hz)}{20}} \qquad (3.9)$$

以功率（volts）为单位的 SNR 反射信号与高度角正弦值存在某一固定频率的正弦（或余弦）函数关系，如图 3-3 所示。

图 3-3 分别是 PRN10 卫星 2013 年第 140 天上升和下降段去除卫星直射信号趋势项后的信噪比随卫星高度角正弦值的线性变化图。结合图 3-3 可知，随

着高度角的变化，信噪比残差变化总体上呈现出规律的正弦（或余弦）变化趋势。对应关系式表示为

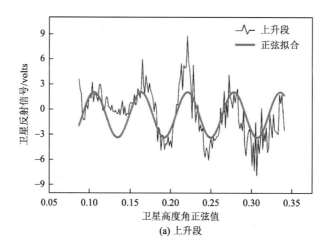

(a) 上升段

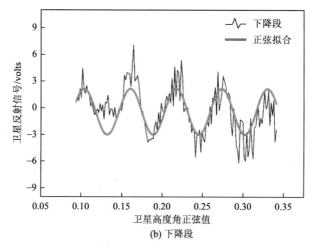

(b) 下降段

图 3-3　卫星上升、下降段反射信号残差

$$\mathrm{SNR_r} = A_r \cos\left(\frac{4\pi h}{\lambda}\sin\theta + \varphi_r\right) \qquad (3.10)$$

若令式（3.10）中的高度角的正弦值 $\sin\theta = x$，$\dfrac{2h}{\lambda} = f$，则式（3.10）可简化为

$$SNR_r = A_r \cos(2\pi f x + \varphi_r) \tag{3.11}$$

由式（3.11）利用非线性最小二乘拟合求得相对延迟相位 φ_r。

3.1.2　低阶多项式反射信号分离模型

图 3-4 中的两条曲线分别为 SNR 原始变化值和通过二阶多项式拟合得到的 SNR 直射分量。可以看出，在低卫星高度角时，信噪比表现出周期性变化趋势；随着卫星高度角逐渐增加，SNR 变化趋于平滑，周期性波动越来越小。一个完整的观测时段内，存在上升和下降两部分低卫星高度角可以提取出卫星反射信号的信息用于土壤湿度的反演，结合多次实验反复论证，本书选择高度角 5°～20°的 SNR 值。

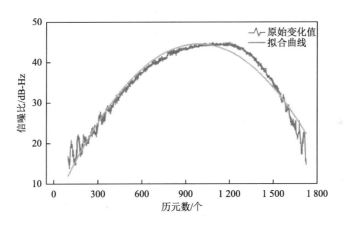

图 3-4　SNR 变化趋势与二阶多项式拟合

由图 3-4 可见，GNSS 接收到的 SNR 数据整体变化趋势呈现出抛物线形，在卫星上升和下降段中的低卫星高度角范围内，SNR 呈现出明显的波动，这是卫星信号经过测站周围地表地物反射造成的多路径效应。随着卫星高度角的不断增加，SNR 值逐渐趋于平稳，受多路径效应影响逐渐减少。通过图 3-4 低阶多项式拟合后分别得到上升段和下降段卫星反射信号分离结果，如图 3-5 所示。图中由两条竖直虚线截取得到的三段 SNR 数据分别表示卫星高度角为

5°～20°、20°～30°、30°～40°范围内的卫星反射信号变化趋势。在 5°～20°范围内，卫星反射信号随卫星高度角正弦值呈现线性变化，随着卫星高度角增加，卫星反射信号趋于平稳，因此，可以将 5°～20°范围内的卫星反射信号通过非线性最小二乘拟合得到物理参数相对延迟相位。从 P041 站的土壤湿度提取实验可知，以 GNSS 观测数据中的 SNR 值为基础，结合卫星高度角，通过 Matlab 编程实现 GNSS-IR 反演土壤湿度的技术，成功解算得到相对延迟相位。可见，利用 GNSS-IR 技术反演土壤湿度是可行的。

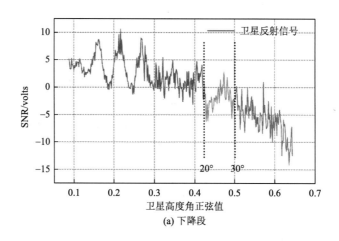

(a) 下降段

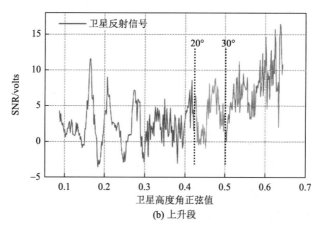

(b) 上升段

图 3-5　卫星反射信号变化趋势

3.1.3　小波分析反射信号分离模型

1. 传统傅里叶变换

傅里叶（Fourier）变换是时频分析的主要方法，广泛应用于工程、信号分析等领域。同时，傅里叶变换是小波变换的基础。1807 年著名科学家傅里叶提出傅里叶变换的基础理论依据，该方法是利用傅里叶级数（或调和分析）来分析信号的频谱特性。传统傅里叶分析指的是傅里叶变换和傅里叶级数。对于一维数字信号 $f(t)$ 来说，连续傅里叶变换公式为[1]

$$F(\omega) = \int f(t)\mathrm{e}^{-\mathrm{i}\omega t}\mathrm{d}t \tag{3.12}$$

式中，i 为虚数单位，即 $\mathrm{i}^2 = -1$；ω 为频率；t 为时间；$\mathrm{e}^{-\mathrm{i}\omega t}$ 为复变函数。

ω 参数对于任何实数都存在，则 $F(\omega)$ 为 $f(t)$ 的连续傅里叶变换，函数 $F(\omega)$ 一般作为复数形式，可以表示为[1]

$$F(\omega) = \mathrm{R}(\omega) + \mathrm{i}\mathrm{X}(\omega) = A(\omega)\mathrm{e}^{\mathrm{i}\Phi(\omega)} \tag{3.13}$$

式中，$A(\omega)$ 为 $f(t)$ 的傅里叶谱（或振幅谱），$A^2(\omega)$ 为能量谱；$\mathrm{R}(\omega)$ 和 $\mathrm{X}(\omega)$ 为 $F(\omega)$ 的实部和虚部；$\Phi(\omega)$ 为相位谱。傅里叶变换的逆变换为

$$f(t) = \frac{1}{2\pi}\int F(\omega)\mathrm{e}^{\mathrm{i}\omega t}\mathrm{d}t \tag{3.14}$$

$F(\omega)$ 可以确定一维原始信号在时间 t 区间内的频谱特性。

2. 连续小波变换相关理论

小波分析是近年来数学和应用数学领域中一个迅速发展的新分支，其在理论和应用方面取得巨大成就。它通过数学手段建立起在频域以任意尺度分析函数的能力。小波变换的概念是由法国从事石油信号处理的工程师 J. Morlet 在 1974 年首先提出的。小波分析是继傅里叶变换之后结合纯粹数学和应用数学发展起来的变分辨率的时频分析工具，被称为"数学显微镜"。连续小波变换（continuous wavelet transform，CWT）可以将信号分为

低频和高频信号，在分析低频信号时，时间窗口较大；分析高频信号时，时间窗口较小。这恰恰符合实际问题中高频和低频信号持续时间长短的自然规律。因此，小波分析被广泛应用于信号分析、图像处理、语音识别、数据压缩等领域[2]。

对于小波函数（或母小波）$\psi(t)$，引入一个任意函数 $f(t)$，设 $\psi(t) \in L^2(R)$，$f(t) \in L^2(R)$，其傅里叶变换为 $\hat{\psi}(\varpi)$，当 $\hat{\psi}(\omega)$ 满足允许条件（完全重构条件或恒等分辨条件）：

$$C_\psi = \int_R \frac{|\hat{\psi}(\omega)|^2}{|\omega|} \mathrm{d}\omega < \infty \qquad (3.15)$$

将小波函数 $\psi(t)$ 经过伸缩和平移得到：

$$\psi_{a,b}(t) = \frac{1}{\sqrt{|a|}} \psi\left(\frac{t-b}{a}\right) \qquad a,b \in R; a \neq 0 \qquad (3.16)$$

式中，$\psi_{a,b}(t)$ 为一个小波序列；a 为伸缩因子；b 为平移因子，对于任意函数 $f(t)$ 的连续小波变换为

$$(W_\psi f)(a,b) = |a|^{-1/2} \int_{-\infty}^{+\infty} f(t)\overline{\psi\left(\frac{t-b}{a}\right)} \mathrm{d}t \qquad (3.17)$$

其逆变换（或重构公式）为[1]

$$f(t) = \frac{1}{C_\psi} \int_{-\infty}^{\infty} \int_{-\infty}^{\infty} \frac{1}{a^2} W_f(a,b)\psi\left(\frac{t-b}{a}\right) \mathrm{d}a \mathrm{d}b \qquad (3.18)$$

由于母小波 $\psi(t)$ 生成的小波函数 $\psi_{a,b}(t)$ 在信号分析中起到观测窗口的作用，其要满足基本约束条件：

$$\int_{-\infty}^{\infty} |\psi(t)| \mathrm{d}t < \infty \qquad (3.19)$$

连续小波变换具有以下重要性质：

（1）线性：一个分量信号的小波变换等于各个分量小波变换之和。

（2）平移不变性：若 $f(t)$ 的小波变换为 $(W_\psi f)(a,b)$，则 $f(ct)$ 的小波变换为 $\frac{1}{\sqrt{c}}(W_\psi f)(ca,cb), c \geqslant 0$。

（3）自相似性：不同尺度参数 a 和平移参数 b 的连续小波变换之间是自相似的。

（4）冗余性：连续小波变换存在信息表述的冗余度，主要表现在重构分式和小波函数 $\psi_{a,b}(t)$ 的不唯一性上。

3. 离散小波变换相关理论

随着计算机技术的不断发展，在实际问题应用中，需要将连续小波离散化，因此，离散小波变换（discrete wavelet transform，DWT）成为近年来最活跃的一个研究领域[3]。在连续小波中考虑：

$$\psi_{a,b}(t) = |a|^{-1/2}\, \psi\left(\frac{t-b}{a}\right) \qquad a \in R^+; b \in R; a \neq 0 \qquad (3.20)$$

式中，ψ 是容许的，通常在离散化过程中，把连续小波变换中的尺度和平移参数 a,b 的离散公式取作：$a = a_0^j, b = k a_0^j b_0$，其中，$j \in Z, a_0 \neq 1$。尺度和平移参数的离散化方法如下：

（1）尺度离散化：将尺度按照幂级数进行离散化，即 $a_m = a_0^m$，$(a_0 \neq 1)$。

（2）平移离散化：当 $a = 2^0 = 1$ 时，$\psi_{a,b}(t) = \psi(t-b)$。通过对 b 进行均匀离散化取值，来达到覆盖整个时间轴的目的。要求采样间隔 b 满足 Nyquist 采样原理，即采样频率大于该尺度下频率通带的 2 倍。

当尺度 $m = 0$ 时，b 的采样间隔为 T_s，则在尺度为 2^m 时，间隔为 $2^m T_s$，这时 $\psi_{a,b}(t)$ 可以表示为[1]

$$\frac{1}{\sqrt{2^m}}\psi\left(\frac{t - 2^m n \cdot T_s}{2^m}\right) = \frac{1}{\sqrt{2^m}}\psi\left(\frac{t}{2^m} - n \cdot T_s\right) \longrightarrow \psi_{m,n}(t) \qquad m,n \in Z \quad (3.21)$$

通常为了简化式（3.21），将 t 轴用 T_s 归一化后得到

$$\psi_{m,n}(t) = 2^{-\frac{m}{2}}\psi(2^{-m}t - n) \qquad (3.22)$$

对于任意函数 $f(t)$ 的离散小波变换为

$$\mathrm{WT}_f(m,n) = \int_R f(t) \cdot \overline{\psi_{m,n}(t)}\,\mathrm{d}t \qquad (3.23)$$

4. 小波快速分解重构相关理论

1910 年 Haar 提出的 Haar 基，是最早的小波基函数。随着小波理论的组件建立和发展，1986 年著名数学家 Meyer 偶然构造出一个真正的小波基函数，并与从事信号处理专家的 Shensa 共同建立了被称为马拉特（Mallat）算法的快速离散小波分解和重构变换[4]。由此小波分析进入了快速发展期，其在图像处理、计算机科学、物理学、信号处理等领域得到了广泛应用。小波分析在信号分析中的应用尤其广泛和成熟，它可以应用于边界的处理与滤波、时频分析、信噪分离与提取弱信号、信号的识别与诊断以及多尺度边缘检测等[5]。

从数学角度来说，Mallat 算法是在函数概念理论上建立起来的，多分辨率分析（multiresolution analysis，MRA）理论从局部放大的角度提供一个相当直观的框架体系，一个多分辨率分析是由一系列的渐进空间 V_j 构成的，这些子空间满足：

$$V_0 \subset V_1 \subset V_2 \subset V_3 \subset V_n \qquad n=1,2,3,\cdots \qquad (3.24)$$

假设 $\{V_j\}_{j\in Z}$ 是 $L^2(R)$ 上的一系列封闭子空间，$\varphi(t)$ 是 $L^2(R)$ 中的一个函数，如果它们满足以下 5 个条件：①单调性，对于任何整数 $j\in Z$，$V_j\subset V_{j+1}$；②唯一性，$\bigcap_{j\in Z}V_j=\{0\}$；③稠密性，$\overline{\bigcup_{j\in Z}V_j}=L^2(R)$；④伸缩性，$f(t)\in V_j \Longleftrightarrow f(2t)\in V_{j+1}$；⑤正交基的存在性，$\{\varphi(t-k)\}_{k\in Z}$，构成子空间 V_0 的标准正交基，那么称 $(\{V_j\}_{j\in Z};\varphi(t))$ 是 $L^2(R)$ 上的一个正交多分辨率分析。

多分辨率分析空间关系如图 3-6 所示。

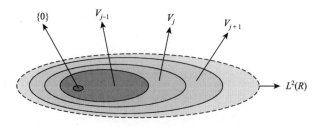

图 3-6　多分辨率分析空间关系图

非平稳信号中多分辨率分析尤为重要，由于非平稳信号的频率随时间变化而变化，这种变化可以分为慢变和快变两部分。其中，慢变对应非平稳信号的低频部分，快变对应非平稳信号的高频部分，均表示为信号的细节变化，即任何非平稳信号均可以通过 Mallat 算法分为低频（主体变化趋势）和高频（细节纹理）部分。为了将低频和高频信号分开提取和处理，提出了著名的 Mallat 算法[6]。Mallat 算法基本原理：假设 $H_j f(f \in L^2(R))$ 为有限非平稳时间序列信号在分辨率 2^j 下的近似，则 $H_j f$ 可以通过 Mallat 算法分解为 f 在分辨率 2^{j-1} 下的低频分量 $H_{j-1}f$ 和高频分量 $D_{j-2}f$，进而对分辨率 2^{j-1} 下的低频分量继续分解得到分辨率 2^{j-2} 下的低频分量 $H_{j-2}f$ 和高频分量 $D_{j-2}f$。设 $(\{V_m; m \in Z\}; \varphi(t))$ 是一个正交 MRA，则存在 $\{h_k\} \in l^2$ 得到以下双尺度方程[7]：

$$\varphi(x) = \sum_k h_k \varphi(2x - k) \tag{3.25}$$

利用式（3.25）得到尺度函数 $\varphi(x)$ 的构造函数 $\psi(x)$：

$$\psi(x) = \sum_k g_k \varphi(2x - k) \tag{3.26}$$

利用双尺度方程得到

$$\begin{aligned}\varphi_{j-1,n}(x) &= 2^{\frac{j-1}{2}} \varphi(2^{j-1}x - n) = 2^{\frac{j-1}{2}} \sqrt{2} \sum_k \frac{\sqrt{2}}{2} h_k \varphi[2(2^{j-1}x - n) - k] \\ &= 2^{\frac{j}{2}} \sum_l \frac{\sqrt{2}}{2} h_{l-2n} \varphi(2^j x - l) = \sum_l \frac{\sqrt{2}}{2} h_{l-2n} \varphi_{j,l}(x)\end{aligned} \tag{3.27}$$

通过式（3.27）两端分别用函数 $\varphi_{j,m}(x)$ 做内积并利用尺度函数的正交性得到：

$$h_{m-2n} = \sqrt{2} \langle \varphi_{j-1,n}, \varphi_{j,m} \rangle \tag{3.28}$$

同理，利用双尺度方程式（3.25）得到

$$g_{m-2n} = \sqrt{2} \langle \psi_{j-1,n}, \varphi_{j,m} \rangle \tag{3.29}$$

设 φ 和 ψ 分别为尺度和小波函数，则非平稳信号 f 在分辨率 2^{j-1} 下低频分量 $H_{j-1}f$ 和高频分量 $D_{j-1}f$ 为

$$H_{j-1}f(x) = \sum_{k=-\infty}^{+\infty} a_k^{j-1} \varphi(2^{j-1}x - k) \qquad (3.30)$$

$$D_{j-1}f(x) = \sum_{k=-\infty}^{+\infty} d_k^{j-1} \psi(2^{j-1}x - k) \qquad (3.31)$$

式中，a_k^{j-1} 为分辨率在 2^{j-1} 下的低频系数；d_k^{j-1} 为分辨率在 2^{j-1} 下的高频系数，其分解过程如图 3-7 所示。

5. 小波基函数分类

随着小波理论的不断深入研究和发展，各国学者们在基本小波的基础上构造了满足不同工程问题的小波基函数。同传统傅里叶分析不同，小波分析中小波基函数不是唯一的，所有满足小波条件的函数均可以作为小波基函数。

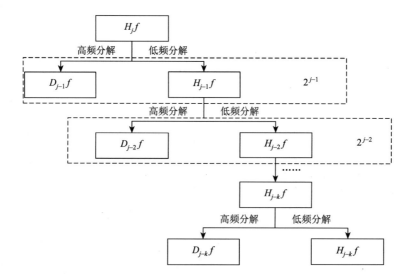

图 3-7　非平稳信号不同频率下 Mallat 算法分解图

1）Haar 小波

1910 年 Haar 最早提出一种小波基函数 Haar 小波，定义为[8]

$$\psi_H(x)=\begin{cases}1 & 0\leqslant x\leqslant1/2\\-1 & 1/2<x\leqslant1\\0 & 其他\end{cases} \tag{3.32}$$

这是最早出现的一种正交小波，即

$$\int_{-\infty}^{\infty}\psi(t)\psi(t-n)\mathrm{d}x=0 \qquad n=\pm1,\pm2,\cdots \tag{3.33}$$

其中，将具有正交性的特征函数表示为

$$\phi_H(x)=\begin{cases}1 & 0\leqslant x<1\\0 & 其他\end{cases} \tag{3.34}$$

式（3.22）即为尺度函数，Haar 小波基函数可表示为

$$\psi(t)=\phi_H\left(\frac{n-1}{2},\frac{n}{2}\right)x-\phi_H\left(\frac{n}{2},\frac{n+1}{2}\right)x \qquad n=\pm1,\pm2,\cdots \tag{3.35}$$

2）Daubechies 小波

Daubechies 小波是从双尺度方程 $\{h_k\}$ 的角度出发设计的离散正交小波，一般简写为 db$N$，N 代表小波基函数的阶数[9]。当 $N=1$ 时，Daubechies 小波等价于 Haar 小波。设

$$P(y)=\sum_{k=0}^{N-1}C_k^{N-1+k}y^k \tag{3.36}$$

式中，C_k^{N-1+k} 为二项式系数，则有

$$|m_0(\omega)|=\left(\cos^2\frac{\omega}{2}\right)^N P\left(\sin^2\frac{\omega}{2}\right) \tag{3.37}$$

db 小波系没有对应的显式表达式，db 小波系形状如图 3-8 所示。可见，该小波函数不具有对称性。

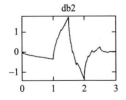
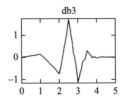
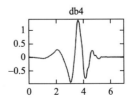

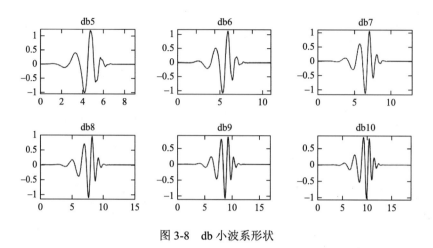

图 3-8　db 小波系形状

3.1.4　双正交 Biorthogonal 小波

Biorthogonal 小波函数主要应用在信号和图像重构中，该小波函数简写为 biorNr.Nd，一般采用一个函数分解，一个函数重构，其中，r 表示分解，d 表示重构。通常集中小波表示为[10]

Nr = 1, Nd = 1, 3, 5；

Nr = 2, Nd = 2, 6, 8, 17；

Nr = 3, Nd = 1, 3, 5, 7, 9；

Nr = 5, Nd = 5；

Nr = 6, Nd = 8；

Nr = 17, Nd = 17。

部分 Biorthogonal 小波函数形状如图 3-9 所示。

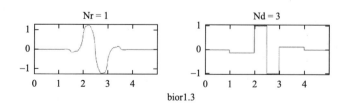

bior1.3

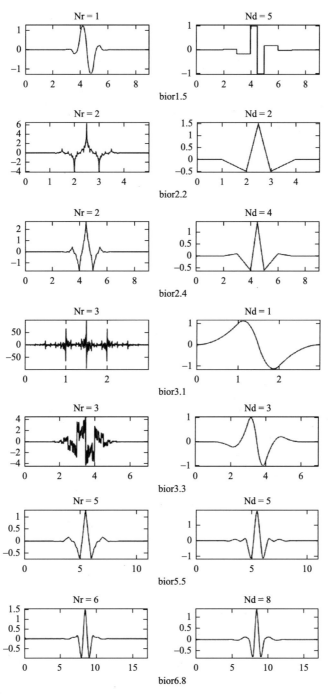

图 3-9　Biorthogonal 小波系形状图

3.1.5　Coiflet 小波

　　Coiflet 小波基函数是由 Daubechies 小波进一步发展构造的一个小波函数，它包括 coif$N$(N = 1, 2, 3, 4, 5)，coif 小波函数相比 Daubechies 小波具有更好的对称性，Coiflet 小波系形状如图 3-10 所示[11]。

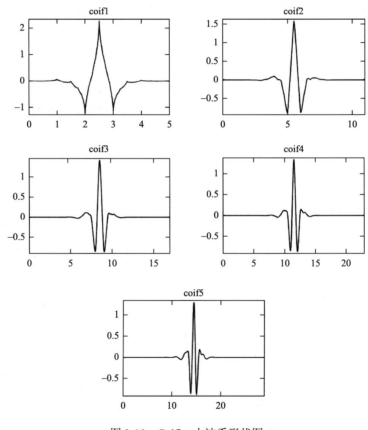

图 3-10　Coiflet 小波系形状图

3.1.6　SymletsA 小波

　　SymletsA 小波函数是在 Daubechies 小波基础上提出的近似对称小波函数，它是 Daubechies 小波函数的一种改进形式，通常可以表示为 sym$N$(N = 2, 3, 4, …, 8)。SymletsA 小波系形状如图 3-11 所示。

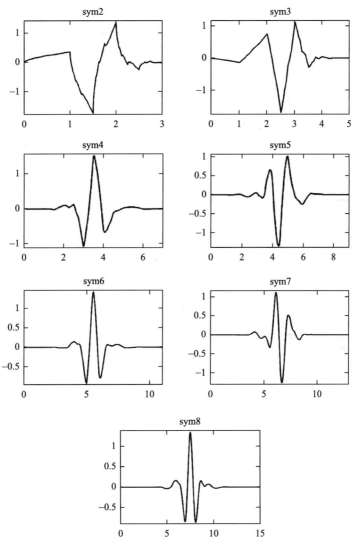

图 3-11　SymletsA 小波系形状图

利用 TEQC 解算 GPS 监测的数据获得了 L2 载波的 SNR 观测数据。针对确定小波分解层的问题，经多次试验确定分解层数为 6 层，分别获得高频、低频信号分量，进而获得卫星反射信号的分量，限于篇幅，仅给出了 2012 年 P041 测站第 120 天的各分量结果，如图 3-12 所示。

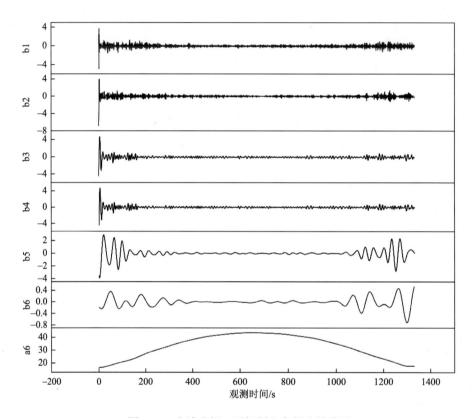

图 3-12　小波分解 6 层低频和高频分量结果

通过对小波分解后的低频时间分量序列进行完全组合重构，得到 a6 分量作为卫星直射的信号，拟合 SNR 时间序列，相减提取得到 SNR 反射信号分量，本节给出 P041 测站 2012 年第 99 天 PRN21 号卫星的解算结果，如图 3-13 所示。其重构结果见图 3-13（c）和（d）。对比分析可以得出，采用低阶多项式拟合很难准确地掌握 SNR 观测值的变化趋势，信号发展方向极易产生偏离，尤其是在较低的卫星高度下。

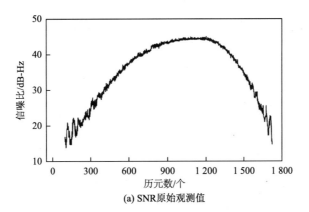

(a) SNR原始观测值

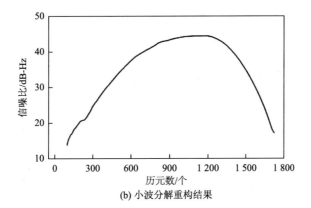

(b) 小波分解重构结果

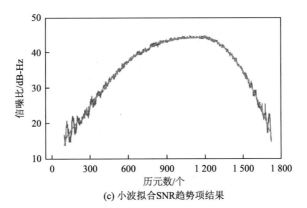

(c) 小波拟合SNR趋势项结果

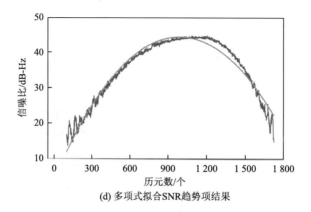

(d) 多项式拟合 SNR 趋势项结果

图 3-13　PRN21 号卫星的 SNR 观测值拟合趋势项

3.2　反射信号相位提取

信噪比残差变化与相位总体上呈现出规律的正弦（或余弦）变化趋势。对应关系式表示为

$$\mathrm{SNR_r} = A_r \cos\left(\frac{4\pi h}{\lambda}\sin\theta + \varphi_r\right) \tag{3.38}$$

若令式（3.38）中的高度角的正弦值 $\sin\theta = x$，$\dfrac{2h}{\lambda} = f$，则式（3.38）可简化为

$$\mathrm{SNR_r} = A_r \cos(2\pi f x + \varphi_r) \tag{3.39}$$

由式（3.39）利用非线性最小二乘拟合求得卫星反射信号相位 φ_r。

同样，由于土壤湿度与土壤介电常数存在着特定的关系，而介电常数决定了土壤的反射系数，反射系数的大小影响着信号的功率，因此由不同的地表湿度得出的信噪比结果可以看出，信噪比的振幅反映了土壤湿度的大小。同时信噪比的初始相位也与土壤湿度存在着一定的关系。

3.3　小　　结

本章以 GNSS 卫星直、反射信号分离及反射信号相位提取为对象展开详细分析，从理论层面给出了 SNR 的几何模型，并详细介绍采用低阶多项式和小波分析分离各卫星直、反射信号的数学模型原理，重点对不同小波基函数进行介绍。结合算例，给出了采用这两种方法分离卫星反射信号的结果。最后基于各卫星反射信号，介绍了采用非线性最小二乘拟合提取各卫星反射信号相位的原理过程。

参 考 文 献

[1]　MATLAB 技术联盟，孔玲军. MATLAB 小波分析超级学习手册[M]. 北京：人民邮电出版社，2014.

[2]　卢礼. GNSS 变形序列的小波分析方法[D]. 淮南：安徽理工大学，2017.

[3]　潘泉，孟晋丽，张磊，等. 小波滤波方法及应用[J]. 电子与信息学报，2007（1）：236-242.

[4]　Shensa M J. The discrete wavelet transform：Wedding the a trous and Mallat algorithms[J]. IEEE Transactions on Signal Processing，1992，40（10）：2464-2482.

[5]　文鸿雁. 基于小波理论的变形分析模型研究[D]. 武汉：武汉大学，2004.

[6]　衡彤. 小波分析及其应用研究[D]. 成都：四川大学，2003.

[7]　张斌，孙静. 基于 Mallat 算法和快速傅里叶变换的电能质量分析方法[J]. 电网技术，2007（19）：35-40.

[8]　吴勇. 基于小波的信号去噪方法研究[D]. 武汉：武汉理工大学，2007.

[9]　刘秀平，李小平，孙海峰. 基于 Daubechies 小波的 X 射线脉冲星信号降噪研究[J]. 宇航学报，2012，33（12）：1757-1761.

[10]　索超男，张慧，赵雄文. 小波基在低压电力线信道有色背景噪声建模中的应用研究[J]. 电力系统保护与控制，2017，45（4）：121-125.

[11]　徐睿，袁伟娜，王建玲. 一种新的基于小波基的时变信道估计[J]. 铁道学报，2018，40（5）：90-96.

第 4 章　GNSS-IR 测植被含水量应用

4.1　概　　述

地表植被作为陆地生态系统的重要组成之一，植被冠层中水分含量为 40%～80%[1]，其在土壤形成和环境变化中具有重要作用。植被含水量（vegetation water content，VWC）是影响植物光合作用、呼吸作用、初级生产力和生物量的主要因素之一，其在植物生理状态、植被功能、干旱和火险评估中发挥着重要作用[2]，并且由于植物覆盖在土壤上，其含水量会影响土壤湿度的监测，而正确估计 VWC 可以提高土壤湿度的反演精度[3]。因此，获取高精度、长时间序列的植被含水量对地表植被以及土壤湿度研究具有重要意义。

传统的植被含水量测量方法，如烘干称重，虽然可以较为准确地测量植被含水量，但其只能在小范围内以单个测点进行测量，无法实现大面积、持续性的观测。同时，传统方法常需要实地采集，而采集和处理的过程比较麻烦，最终导致数据收集不及时，无法保证数据监测的实时性，且传统方法会对植被造成一定的破坏，尤其对于土壤渗透特征或微观形貌具有较大田间差异的大区域[4]。

自 1988 年 ESA Hall 提出 GPS 的 L 波段信号可以作为海洋散射计以后，1993 年 ESA Martin-Neira 首次提出无源反射和干涉测量系统（PARIS），并首次利用 GPS 反射信号实现了海洋高度的测量[5-6]。此后，外国学者意识到 GNSS 反射信号可能会成为一种新型遥感手段，被广泛应用于地表环境参数监测中[7]。2010 年，Small 等[8]首次利用 GPS 的噪声统计量 MP_1 定性地估计了植物的生长，并指出反射信号中的信噪比（SNR）数据会对植被的生长情况做出响应。Chew 等[9]利用用于土壤湿度反演的模型对植被含水量与 SNR 和实际反射面高度进行了定量分析，结果表明，当植被含水量不超过 $1kg/m^2$ 时，植被含水量与 SNR 振幅具有线性关系。Chen 等[10]为消除植被含水量在土壤湿度反演中的影响，提出了一种基于 SNR 干涉图的振幅和频率分析的方法，并取得了较好的结果。Larson 等[11]和 Small 等[12]根据 SNR 振幅与植被含水量之间的关系，定义了一种基于反射信号振幅的每日植被含水量度量标准，即归一化微波反射指数（normalized microwave reflection index，NMRI），并于 2012 年在美国蒙大拿州四个草原地点进行验证，结果表明在植被和气候相似的情况下，NMRI 与植被含水量具有较强的相关性，NMRI 能更为准确地预测植被含水量的变化。目前，美国板块边缘观测计划提供每日 NMRI 数据。

本章主要介绍基于 GNSS-IR 技术定义的 NMRI 测量植被含水量的应用。

4.2　基于 GNSS-IR 的植被含水量测量技术

GNSS 观测值主要为伪距和载波相位两种。以 GPS L1 载波为例，首先定义 L1 载波可观察到的伪距 P_1 为[13]

$$P_1 = \rho - cV_{t_R} + cV_{t_i^S} - (V_{\text{ion}})_i - (V_{\text{trop}})_i \qquad (4.1)$$

式中，ρ 为从卫星至接收机的几何距离；c 为光速；V_{t_R} 和 $V_{t_i^S}$ 分别为接收机钟差和第 i 颗卫星的钟差；$(V_{\text{ion}})_i$ 和 $(V_{\text{trop}})_i$ 分别为第 i 颗卫星信号经过电离层和对流层时的延迟改正数。

利用 GNSS-IR 技术测量植被含水量的关键是计算 NMRI。NMRI 作为评价反射信号振幅变化的一个综合性指标，其核心是计算 L1 载波上伪距 P_1 的多路径指标 MP_1 的均方根（root mean square，RMS），MP_1 定义为[14]

$$MP_1 = P_1 - \frac{f_1^2 + f_2^2}{f_1^2 - f_2^2}\lambda_1\varphi_1 + \frac{2f_2^2}{f_1^2 - f_2^2}\lambda_2\varphi_2 \qquad (4.2)$$

式中，P_1 为 L1 载波上的伪距观测值；f_1、f_2 分别为 L1、L2 载波的频率，$f_1 = 1\,575.42\ \text{MHz}$，$f_2 = 1\,227.6\ \text{MHz}$；$\lambda_1$、$\lambda_2$ 分别为 L1、L2 载波的波长，$\lambda_1 = 0.19\ \text{m}$，$\lambda_2 = 0.24\ \text{m}$；$\varphi_1$、$\varphi_2$ 分别为 L1、L2 载波的相位观测值。NMRI 的计算以 MP_1 的 RMS 值为基础，其定义为

$$NMRI = \frac{\max(RMS_{MP_1}) - RMS_{MP_1}}{\max(RMS_{MP_1})} \qquad (4.3)$$

式中，RMS_{MP_1} 为单日 MP$_1$ 的 RMS 值；$\max(RMS_{MP_1})$ 为 RMS_{MP_1} 数值由大到小排列后，前 5% 的 RMS_{MP_1} 的平均值。

实地验证表明在植被和气候相似的情况下，NMRI 与植被含水量具有较强的相关性，NMRI 能更为准确地预测植被含水量的变化[11-12]。但是利用 GNSS-IR 监测植被含水量也存在一定的缺陷，由于 GNSS-IR 技术是基于单个测站进行监测，受菲涅尔反射区域的限制，仅能监测测站周围 1 000 m^2 内的植被含水量的变化，且目前提供基于 GNSS-IR 植被含水量产品的 PBO 观测网的 GNSS 测站分布较为稀疏，最终导致利用 GNSS-IR 技术监测植被含水量无法实现空间上的连续性。

4.3　GNSS-IR 和遥感点-面融合植被含水量反演方法

近年来，随着遥感技术以及成像光谱技术的快速发展，利用遥感技术可以较为容易地获取大范围、长时间序列的植被含水量的空间信息。但是无论是光学遥感还是微波遥感在监测植被含水量方面都存在一定的缺陷。例如，光学遥感虽能获得较高空间分辨率的植被含水量，但容易受云雾影响，导致信息丢失，并且光学遥感所得与植被含水量相关的植被指标，如归一化植被指数（normalized difference vegetation index，NDVI），很大程度上被认为是一种衡量植被绿度的指标，并被用来推断生物量、叶面积指数（leaf area index，LAI）、植被总初级生产量（gross primary production，GPP）和其他植被指数[15-17]。由于植物类型、水文气象等环境因素对 VWC 和"绿度"影响不同，植被指数并不能准确估算植被含水量。微波遥感虽不受云雾影响，但其空间分辨率较低。由于两者空间分辨率差异较大，使得融合结果的准确性和空间分辨率在实际应用中较差。

因此，想要准确地获取指定区域内高精度的植被含水量数据，以及研制高精度、高空间分辨率的植被含水量产品，需要考虑其他方法。目前，部分学者考虑 GNSS-IR 技术监测植被含水量的准确性，以及基于光学遥感生成的

植被指数产品空间连续和高空间分辨率的特点[18-19]，提出一种利用神经网络
将地基 GNSS-IR 植被含水量产品与遥感植被指数产品点-面融合的方法，并最
终研制出一种高空间分辨率且空间连续的植被含水量产品。

4.3.1　GNSS-IR 和遥感点-面融合植被含水量反演流程

　　由于植被含水量点-面融合过程是较为复杂的非线性问题，而神经网络在
处理非线性问题上具有较好的表现，因此，基于神经网络的相关理论，构建
植被含水量点-面数据融合模型，并建立高空间分辨率的植被含水量产品，构
建模型步骤如下：

　　（1）模型数据选取。选取 NDVI（v）、GPP（g）、LAI（l）、经度（x）、纬
度（y）5 个变量，作为模型的训练输入变量；采用基于 GNSS-IR 技术获取的
NMRI(m)作为模型的训练输出变量。

　　（2）模型输入和输出数据集构建。拟设有实验区域内 i 个 GNSS 测站 j 天
的数据，设第 k 个测站第 n 天的模型输入变量集为：$x_{k,n}=[v,g,l,x,y]$，$k=1,2,\cdots,i$，
$n=1,2,\cdots,j$，则该测站第 n 天对应的模型输出变量集为：$y_{k,n}=[m]$。将所有
测站第 n 天 5 个变量构成的模型输入变量集汇总为第 n 天的输入数据集：
$X_n=[x_1;x_2;\cdots;x_i]$，则对应的输出数据集为：$Y_n=[y_1;y_2;\cdots;y_i]$。将 i 个测站所
有天数的输入数据集汇总为建模输入数据集：$X_{\text{input}}=\{X_1,X_2,\cdots,X_j\}$，则对应
的建模输出数据集为：$Y_{\text{output}}=\{Y_1,Y_2,\cdots,Y_j\}$。

　　（3）建立融合模型。将建模输入数据集和建模输出数据集导入 Matlab 中，
利用 Matlab 的 mapminmax 函数将输入、输出数据集归一化到[0, 1]区间，以
减少数据对建模的影响；并利用 Matlab 的 randperm 函数对进行了归一化处
理的输入、输出数据集进行打乱处理，并将打乱后的输入、输出数据集划
分为 70%、15%、15%分别作为建模的训练集、确认集、测试集。根据上述
神经网络的相关理论，利用 Matlab 构建神经网络，并利用划分好的训练集、
确认集进行点-面融合模型训练，并利用测试集对训练好的融合模型精度进
行测试。

　　（4）生成高空间分辨率的植被含水量产品。拟设实验区域影像数据中共有

q 个栅格点，设第 r 个栅格点的模型输入变量集为 $x_r =[v,g,l,x,y]$，$r=1,2,\cdots,q$，将实验区域内所有栅格点 5 个变量构成的模型输入变量集汇总为融合输入数据集：$X =[x_1;x_2;\cdots;x_r]$。将融合输入数据集经归一化处理后输入第（3）步训练好的融合模型中，融合模型最终输出实验区域内所有栅格点对应的 NMRI 值：$Y =[y_1;y_2;\cdots;y_q]$。最后根据所有栅格点对应的经纬度以及反演得到的 NMRI 值，生成高空间分辨率空间连续的 NMRI 产品。

　　地基 GNSS-IR 植被含水量产品与遥感植被指数产品点-面融合流程如图 4-1 所示。

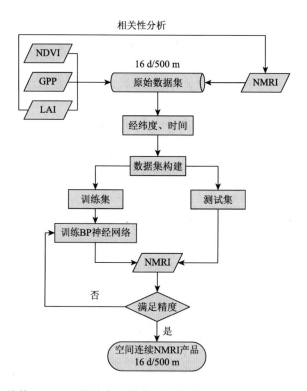

图 4-1　地基 GNSS-IR 植被含水量产品与遥感植被指数产品点-面融合流程

4.3.2　GNSS-IR 和遥感点-面融合植被含水量反演实例

　　美国 PBO H$_2$O 作为目前唯一基于 GNSS-IR 原理持续运行的观测网络，该网络基于 GNSS-IR 技术生成的植被含水量、土壤湿度、雪深等每日估算数据被广泛用于 GNSS-IR 技术研究中。图 4-2 为 PBO 计划在美国本土大陆西部地区观测网络站点分布图。

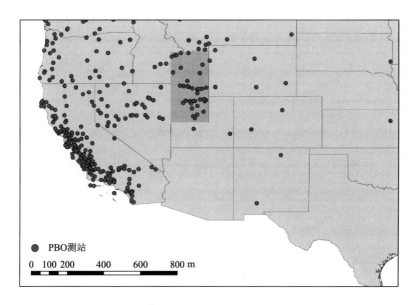

图 4-2　PBO 计划在美国本土大陆西部地区观测网络站点分布

　　GNSS 测站分布不均匀，可能影响局部地区建模效果；测站周围地形较为相似，可能影响模型在不同地形的适用性；区域气候变化不显著，可能影响模型对于季节变化的敏感度。综合考虑上述三个因素，选取深色区域作为研究区域，该区域 GNSS 测站分布较为均匀、地形多样且气候变化显著，能较好地建立 GNSS-IR 和遥感点-面融合模型。研究区域的 DEM 影像和 Landsat 影像如图 4-3 所示。

　　该研究区域上半部分为美国爱达荷州东南部，下半部分为犹他州北部；爱达荷州以及犹他州均属于温带大陆性气候，由于远离海洋以及地形阻挡，湿润气团难以到达，因而干燥少雨，具有夏季炎热湿润，冬季寒冷干燥的气候特点。其中，图 4-3（b）实线方框内为美国著名的大盐湖沙漠，虚线方框内为大盐湖，该地区由于土壤所含矿物质较多，所以植被较为稀疏。因此，本书所选取区域的植被含水量在时间和空间上会存在明显的差异，以便后期验证反演结果的准确性。

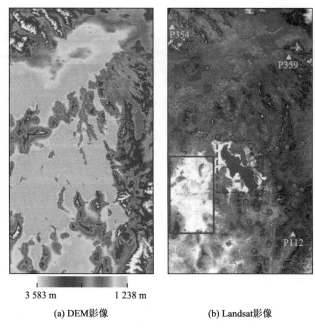

3 583 m　　　　　　1 238 m

(a) DEM影像　　　　　　　　(b) Landsat影像

图 4-3　研究区域地形图（后附彩图）

选取实线区域 2010 年 7 月 28 日至 2010 年 10 月 16 日的 NMRI 数据和 MODIS 遥感影像数据进行实验，所用数据的详细信息如表 4-1 所示。

表 4-1　各产品详细信息

指数	分辨率（时间/空间）	产品	日期
NMRI	每天/单测站	PBO H_2O	2010-07-28～2010-10-16
NDVI	16 d/500 m	MOD13A1	2010-07-28～2010-10-16
GPP	8 d/500 m	MOD17A2H	2010-07-28～2010-10-16
LAI	4 d/500 m	MCD15A3H	2010-07-28～2010-10-16

根据 4.3.1 节的实验步骤，利用上述实测数据，最终生成了 6 幅 500 m 分辨率且空间连续的 NMRI 产品，如图 4-4 所示。

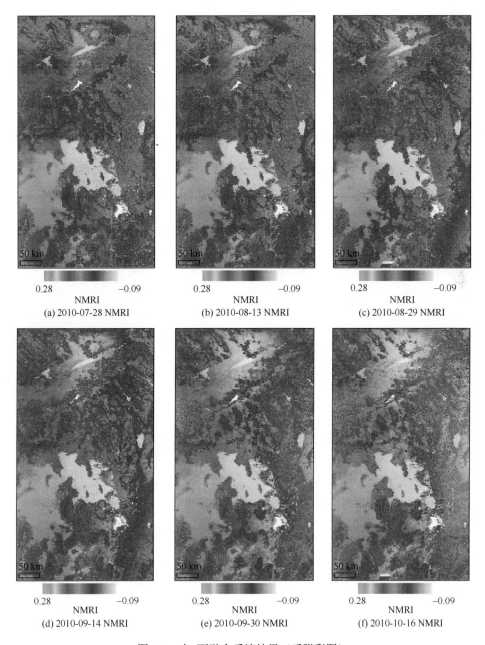

图 4-4　点-面融合反演结果（后附彩图）

4.3.3　点-面融合反演结果分析

首先将植被含水量点-面融合生成的 NMRI 产品与同时间 NDVI、GPP、LAI 产品进行对比，如图 4-5 所示。

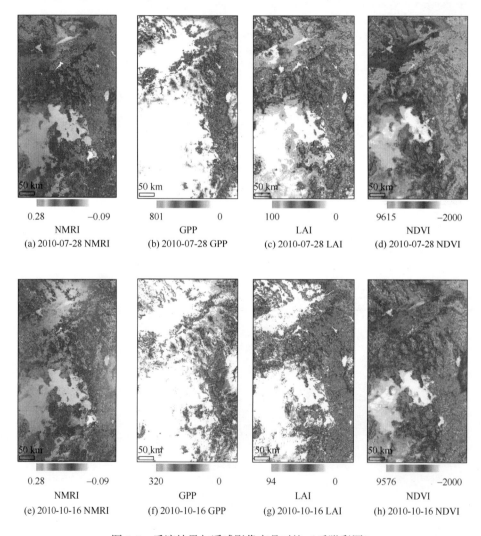

图 4-5　反演结果与遥感影像产品对比（后附彩图）

　　整体上，NMRI 的空间分布与 NDVI、GPP、LAI 较为一致。从图 4-5（a）、（e）的空间分布上可以看出：研究区域东部山脉以及西北部山脉 NMRI 数值较高，西南部地区 NMRI 数值较低，这符合 4.3.2 节所描述研究区域的地理特性；从时间分布上对比（a）、（e）图像发现，随着天气变冷，实验区域大部分地区植被生长明显减少，植被含水量明显下降，这符合研究区域温带大陆性气候冬季寒冷干燥的气候特点。图 4-5 中 NMRI 空间分布与 NDVI、GPP、LAI 的一致性，初步验证了点-面融合的可行性。为进一步验证空间连续的 NMRI 产品的精度，分别提取建模得到的 6 幅空间连续 NMRI 影像中三个未参与建模的测站的 NMRI 值，并与 PBO H$_2$O 提供的 NMRI 参考值进行对比分析。本书采用 r、RMSE 和最大反演误差（MAX）三个指标进行精度分析，结果如图 4-6 所示。

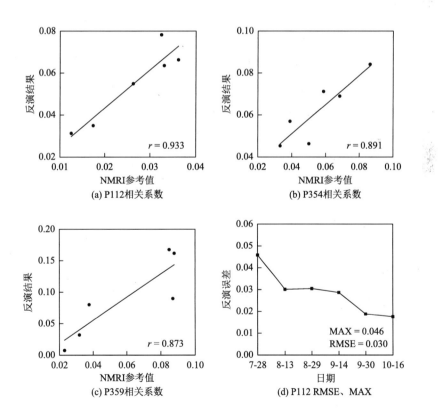

(a) P112相关系数　　　　　　　　(b) P354相关系数

(c) P359相关系数　　　　　　　　(d) P112 RMSE、MAX

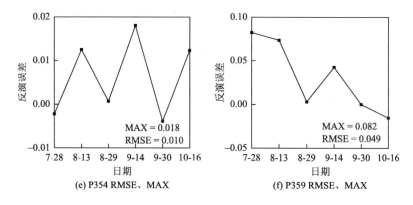

(e) P354 RMSE、MAX　　　　　(f) P359 RMSE、MAX

图 4-6　未建模测站精度分析

由图 4-6 可知，三个测站反演值与真值之间 r 均大于 0.87，可见反演结果与真值具有较强的相关性；对于 RMSE，三个测站中 P359 最大，达到了 0.049，其余两个测站均小于等于 0.030；对于 MAX，三个测站中也为 P359 最大，达到了 0.082，其余两个测站均小于等于 0.046。可见，三个测站的所得结果误差均较小，不存在粗大误差，因此所得反演结果是有效、准确的。可见基于神经网络的 GNSS-IR 与遥感点-面融合植被含水量反演方法是可行、有效的，所得空间连续的 NMRI 产品能用于更好地表现区域植被含水量的变化。

4.4　小　　结

本章以 GNSS-IR 用于植被含水量反演为对象展开详细分析，从理论和实践两个层面给出了 GNSS 反射信号和植被含水量之间的关系，阐述了如何利用 GNSS 反射信号实现植被含水量的反演。根据具体实例讲述了地基 GNSS-IR 和遥感点-面融合植被含水量反演方法，并对点-面融合生成的高空间分辨率、空间连续的 NMRI 产品进行了精度分析。

参 考 文 献

[1]　Elvidge C D. Visible and near infrared reflectance characteristics of dry plant materials[J]. Remote Sensing, 1990, 11（10）: 1775-1795.

[2]　Peñuelas J，Filella I，Biel C，et al. The reflectance at the 950—970 nm region as an indicator of plant water status[J]. International Journal of Remote Sensing，1993，14（10）：1887-1905.

[3]　金双根，张勤耘，钱晓东. 全球导航卫星系统反射测量（GNSS＋R）最新进展与应用前景[J]. 测绘学报，2017，46（10）：1389-1398.

[4]　Zhang J H，Xu Y，Yao F M，et al. Advances in estimation methods of vegetation water content based on optical remote sensing techniques[J]. Science China Technological Sciences，2010，53（5）：1159-1167.

[5]　Hall C D，Cordey R A. Multistatic scatterometry[C]//International Geoscience and Remote Sensing Symposium，'Remote Sensing：Moving Toward the 21st Century'. IEEE，1988，1：561-562.

[6]　Martin-Neira M. A passive reflectometry and interferometry system（PARIS）：Application to ocean altimetry[J]. ESA Journal，1993，17（4）：331-355.

[7]　刘经南，邵连军，张训械. GNSS-R 研究进展及其关键技术[J]. 武汉大学学报（信息科学版），2007，32（11）：955-960.

[8]　Small E E，Larson K M，Braun J J. Sensing vegetation growth with reflected GPS signals[J]. Geophysical Research Letters，2010，37（12）：1-5.

[9]　Chew C C，Small E E，Larson K M，et al. Effects of near-surface soil moisture on GPS SNR data：Development of a retrieval algorithm for soil moisture[J]. IEEE Transactions on Geoscience and Remote Sensing，2013，52（1）：537-543.

[10]　Chen Q，Won D，Akos D M，et al. Vegetation sensing using GPS Interferometric Reflectometry：Experimental results with a horizontally polarized antenna[J]. IEEE Journal of Selected Topics in Applied Earth Observations and Remote Sensing，2016，9（10）：4771-4780.

[11]　Larson K M，Small E E. Normalized microwave reflection index：A vegetation measurement derived from GPS networks[J]. IEEE Journal of Selected Topics in Applied Earth Observations and Remote Sensing，2014，7（5）：1501-1511.

[12]　Small E E，Larson K M，Smith W K. Normalized microwave reflection index：Validation of vegetation water content estimates from Montana grasslands[J]. IEEE Journal of Selected Topics in Applied Earth Observations and Remote Sensing，2014，7（5）：1512-1521.

[13]　党亚民. 全球导航卫星系统原理与应用[M]. 北京：测绘出版社，2007.

[14]　Estey L H，Meertens C M. TEQC：The multi-purpose toolkit for GPS/GLONASS data[J]. GPS Solutions，1999，3（1）：42-49.

[15]　Gutman G，Ignatov A. The derivation of the green vegetation fraction from NOAA/AVHRR data for use in numerical weather prediction models[J]. International Journal of Remote Sensing，1998，19（8）：1533-1543.

[16]　Paruelo J M，Epstein H E，Lauenroth W K，et al. ANPP estimates from NDVI for the central grassland region of the United States[J]. Ecology，1997，78（3）：953-958.

[17]　Wylie B K，Meyer D J，Tieszen L L，et al. Satellite mapping of surface biophysical parameters at the biome scale over the North American grasslands：A case study[J]. Remote Sensing of Environment，2002，79（2-3）：266-278.

[18] Yuan Q，Li S，Yue L，et al. Monitoring the variation of vegetation water content with machine learning methods：Point-surface fusion of MODIS products and GNSS-IR observations[J]. Remote Sensing，2019，11（12）：1440.

[19] Pan Y，Ren C，Liang Y，et al. Inversion of surface vegetation water content based on GNSS-IR and MODIS data fusion[J]. Satellite Navigation，2020，1（1）：1-15.

第 5 章　GNSS-IR 测土壤湿度应用

5.1　概　　述

降水通过蒸腾作用返回大气，流向河流或者渗入地下之前，会暂时停留在表层土壤中，形成土壤湿度（soil moisture，SM），又称土壤含水率。土壤湿度虽然只占全球淡水总量的 0.001%，但其捕获了整个水循环过程中 20% 的水分，在水循环中起着重要的作用[1]。土壤湿度被美国全球变化研究计划确认为是提高大尺度陆地-大气相互作用模型精度的一个相当重要的参数[2]；世界气象组织还将其列为全球气候观测系统研究的关键气候变量[3]。此外，在随后的研究中发现，土壤湿度还是连接水文、气象、生物和地球化学过程的最重要参数，直接影响着生态系统、农业产量、人类健康[4-5]。同时，土壤湿度还在干旱、泥石流等极端灾害事件的发展中发挥着关键作用[6]。因此，高效、准确地监测土壤湿度对研究气候气象、地质灾害以及水资源循环等具有十分重要的意义。从历史的角度来看，最早的研究人员对长时间、大面积的土壤湿度信息的掌握是有限的，因为土壤水分不像许多水文气象因素那样可以使用简便的手段获取。虽然也存在少量的观测数据集[7-8]，但它们本质上是局域性的，而且持续监测时间较短。传统的土壤湿度测量方法有多种，包括烘干称重、中子扩散和电磁测量等。传统方法虽然可以较为准确地测量土壤湿度，但其只能在小范围内以单个测点进行测量，无法实现大面积、持续性的观测[9]。同时，传统方法常需要实地采集，而采集和处理的过程比较麻烦，最终导致数据收集不及时，无法保证数据监测的实时性。因此，传统方法具有空间不连续、时效性差以及高成本等缺点。而 GNSS-IR 技术的出现，为土壤湿度监测提供了一种全新手段。

5.2　基于 GNSS-IR 的土壤湿度测量技术

5.2.1　GNSS-IR 基本原理

GNSS-IR 技术的核心计算量是 SNR 数据，SNR 是衡量 GNSS 接收机接收到信号强度的一个量值，受卫星信号发射功率、天线增益、卫星与接收机间的距离以及多路径效应等因素共同影响[10]。其中，接收机的天线增益与卫星高度角呈正相关关系，当卫星高度角较高时，天线增益较大，会使得 SNR 值得到提高；而高度角较低时，一方面由于天线增益的效果减弱，另一方面受多路径效应的影响较为严重，使得低卫星高度角时 SNR 值下降较为严重[11]。由于 GNSS 卫星的不断运动，GNSS 直、反射信号不断发生改变，使得干涉波形的特征参量随时间不断变化，而普通大地型测量接收机会将这些变化信息以 SNR 的形式记录[12]。因此，研究 SNR 的变化即可以研究干涉效应特征参量的变化，进而对土壤湿度进行估算。

如图 5-1 所示，GNSS 接收机 A 同时接收到来自卫星的直射信号 S_d 和经过地表反射的反射信号 S_r，且此时直射信号 S_d 和反射信号 S_r 在接收机处产生干涉，并形成组合信号。从图中可见，两种信号所经过的路径长度明显不同，两者的路程差可以用 Δ 表示：

$$\Delta = AB - AC = AB(1 - \cos 2\theta)$$
$$= \frac{h}{\sin \theta}(1 - \cos 2\theta) = 2h \sin \theta \tag{5.1}$$

式中，h 为天线高；θ 为卫星截止高度角。则此时反射信号和直射信号的相位差 ψ 为

$$\psi = \Delta \cdot \frac{2\pi}{\lambda} = \frac{4\pi h}{\lambda} \sin \theta \tag{5.2}$$

直射信号和反射信号的同相分量（I）和正交分量（Q）矢量关系如图 5-2 所示[13]。

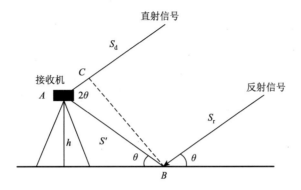

图 5-1　GNSS-IR 监测土壤湿度示意图

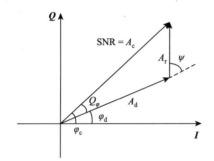

图 5-2　GNSS 直、反射信号矢量图

由图 5-2 可知，在没有反射信号情况下，矢量图仅包含振幅为 A_d 且相位为 φ_d 的直射信号，此时 $SNR = A_c = A_d$；当反射信号进入接收机时，则增加了振幅为 A_r 且相位为 ψ（相对于 φ_d）的反射信号附加量。此时，接收机将振幅为 A_c 且相位为 φ_c 的复合信号记录在 SNR 数据中，则此时的 SNR 数据和相位偏移量 Q_φ 可以分别表示为[13]

$$SNR^2 = A_d^2 + A_r^2 + 2A_d A_r \cos\psi \qquad (5.3)$$

$$\tan(Q_\varphi) = \frac{A_r \sin\psi}{A_d + A_r \cos\psi} \qquad (5.4)$$

式中，A_d、A_r 分别为直、反射信号的振幅。由于多路径效应会严重损害 GPS 测量精度，目前常用的大地型测量接收机会使用 RHCP 天线来抑制反射信号，因此会导致：

$$A_d \gg A_r \qquad (5.5)$$

　　根据式（5.5）可知，GNSS 接收机接收到的复合信号 A_c 中，直射信号 A_d 的分量较大，所以 A_d 是趋势项，决定着 A_c 的整体变化；而反射信号 A_r 较小，则表现为局部周期性波动。由于两者差异较大，所以可以通过低阶多项式将两者分离。Chew 等研究发现，SNR 与多径干涉相位之间存在一种正弦（余弦）关系，当去除作为趋势项的直射信号 A_d 后，SNR 只剩下反射分量 A_r，其与 $\sin\theta$ 之间仍存在正弦（余弦）函数关系，则此时反射分量 $\mathrm{SNR_r}$ 可表示为[14]

$$\mathrm{SNR_r} = A_r\left(\frac{4\pi h}{\lambda}\sin\theta + \varphi_r\right) \tag{5.6}$$

式中，λ 为载波波长；A_r、φ_r 分别为反射信号的振幅、干涉相位。若令 $t = \sin\theta$，$f = \dfrac{2h}{\lambda}$，则式（5.6）简化为

$$\mathrm{SNR_r} = A_r(2\pi ft + \varphi_r) \tag{5.7}$$

　　在 $\mathrm{SNR_r}$ 已知的情况下，利用 Lomb-Scargle 频谱分析变换求得频率 f，随后利用最小二乘拟合，求得振幅 A_r 和相位 φ_r。由前文可知，振幅 A_r 和相位 φ_r 均可用于土壤湿度反演，但通过 Chew 等的研究可知，相位 φ_r 是估算土壤湿度的最佳参数，其与土壤湿度存在较强的相关性[15]。

5.2.2　求解干涉相位基本步骤

　　（1）直射信号和反射信号有效分离。采用 TEQC 软件解算各 GNSS 卫星各载波的 SNR 值，随后通过低阶多项式（或小波分解）拟合分离 GNSS 直射和反射信号。

　　（2）反射信号重采样。对随历元变化的反射信号进行重采样，转化为与卫星入射高度角正弦值 $\sin(\theta)$ 之间的关系。

　　（3）参数估计。采用非线性最小二乘算法[16]对重采样后的反射信号进行弦拟合，得到相对延迟相位。通过置信区间算法[17]确定最小二乘算法迭代的步长及其他参数问题。

5.3　基于单星的土壤湿度反演方法

　　由于测站周边的土壤表面粗糙度、植被覆盖信息、土壤水分含量等多路

径因素对 GNSS 信号的影响均不一样，直接建立准确的土壤湿度估算模型较为困难，而且不同时刻的 GNSS 卫星信号受多路径效应的影响程度也不一样。已有研究较少考虑多星融合估算土壤湿度的优势，估算过程也难免受人为影响，不利于估算精度的提高。如果土壤湿度随着时间和空间尺度变化，那么采用 GNSS-IR 技术进行土壤湿度估算可看成是一个非线性回归问题。

考虑神经网络不仅可以较好地解决非线性问题，而且还能较好地探索不同数据集中的隐藏关系，因此，引入了 GA-BP 神经网络来建立土壤湿度估算模型。建立基于神经网络的单星土壤湿度反演模型，首先要根据 5.2 节原理和步骤求解出单颗卫星的干涉相位，设定求解后第 i 颗卫星的干涉相位集为

$$x_i = [\varphi(1), \varphi(2), \cdots, \varphi(t)] \qquad t = 1, 2, \cdots, n \qquad (5.8)$$

式中，$\varphi(t)$ 为第 i 颗第 t 天的干涉相位；n 为所用实验数据时间长度。考虑植被变化对 SNR 的影响，建立了植被含水量估算模型和植被相变预测模型，得到剔除植被影响的干涉相位集为

$$x_i = [\varphi_r(1), \varphi_r(2), \cdots, \varphi_r(t)] \qquad t = 1, 2, \cdots, n \qquad (5.9)$$

随后将干涉相位集 x_i 分为两份：

$$x_{i_1} = [\varphi_r(1), \varphi_r(2), \cdots, \varphi_r(m)] \qquad m < n \qquad (5.10)$$

$$x_{i_2} = [\varphi_r(m+1), \varphi_r(2), \cdots, \varphi_r(n)] \qquad (5.11)$$

将 x_{i_1} 作为建模训练集，将 x_{i_2} 作为测试集，用于测试反演模型的精度。最后将剔除植被变化的干涉相位建模训练集输入 GA-BP 神经网络中进行模型训练，构建土壤水分的反演模型。研究非线性拟合方法反演土壤水分的可行性，并基于剔除植被变化对土壤水分反演的影响，验证基于神经网络的单星土壤水分反演的有效性，建模的具体流程如图 5-3 所示。

使用 PBO H$_2$O 提供的 P041 测站 2011 年年积日第 70～290 天的 GPS 观测数据和土壤湿度参考值，以及 P036 测站 2016 年年积日第 60～220 天的 GPS 观测数据和土壤湿度参考值进行反演。两个测站分别处于 105.194 267°W、39.949 493°N 和 105.293 653°W、36.420 275°N。两个测站均采用钢制三角支架安置，接收机型号为 TRIMBLENERT9，采用 SCIT 的天线罩，天线型号为 TRM59800.80，采样间隔为 30 Hz。两个测站均能够记录 L2C 观测值，很早就

开展土壤湿度分析，具有一定的代表性。测站周边地形较为平坦、开阔且植被稀少，主要以草为覆盖植被，有利于土壤湿度监测，周围环境如图 5-4 所示。

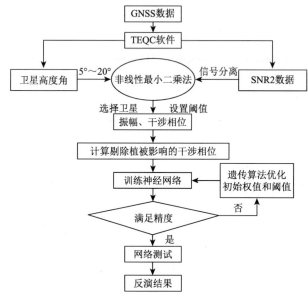

图 5-3　建立基于神经网络的土壤湿度反演模型流程图

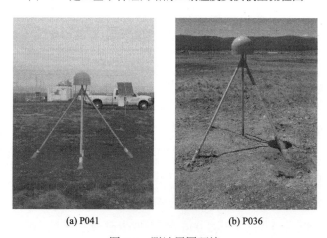

(a) P041　　　　　　　　　　　(b) P036

图 5-4　测站周围环境

　　根据 5.2 节原理和步骤求解出 P041 测站 GPS PRN18、PRN21、PRN22、PRN31 4 颗卫星以及 P036 测站 GPS PRN05、PRN15、PRN18、PRN21 4 颗卫星的干涉相位，如图 5-5 所示。

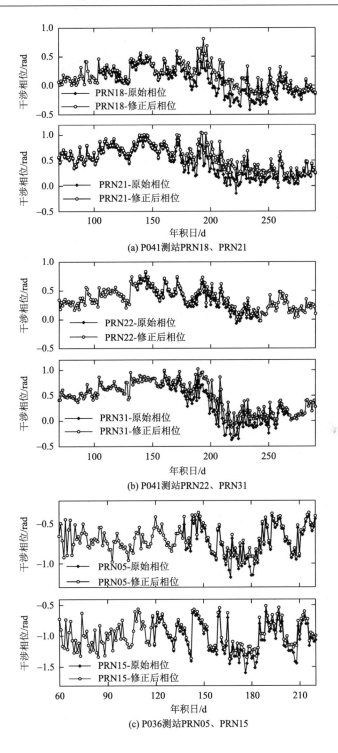

(a) P041测站PRN18、PRN21

(b) P041测站PRN22、PRN31

(c) P036测站PRN05、PRN15

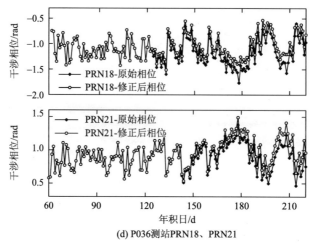

(d) P036测站PRN18、PRN21

图 5-5　解算干涉相位

　　图 5-5 中，菱形点为原始干涉相位，圆圈为修正植被效应后的干涉相位数据。对解算的原始干涉相位和校正植被效应后的干涉相位归一化为区间[-1, 1]后，将 P041 测站年积日第 70～219 天和 P036 测站年积日第 60～179 天的干涉相位作为输入神经网络训练的训练数据，将 P041 测站年积日第 220～290 天和 P036 测站年积日第 180～220 天的干涉相位作为测试模型反演精度的测试数据。设置两种实验方案，方案 1，利用原始干涉相位 φ_t 进行 GA-BP 神经网络反演模型训练；方案 2，利用校正植被效应后的干涉相位 φ_t' 进行 GA-BP 神经网络反演模型训练。两种方案的反演结果如图 5-6 所示。

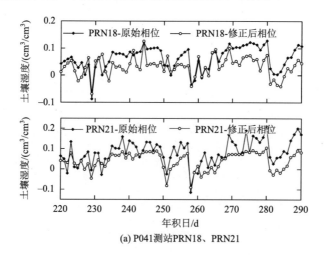

(a) P041测站PRN18、PRN21

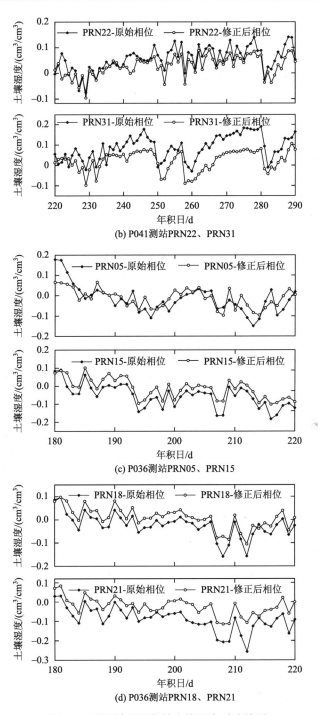

(b) P041测站PRN22、PRN31

(c) P036测站PRN05、PRN15

(d) P036测站PRN18、PRN21

图 5-6　基于神经网络的土壤湿度反演结果

图 5-6 中，菱形点为原始干涉相位 φ 反演结果，圆圈为修正植被效应后的干涉相位 φ_r 反演结果。图 5-6 表明，利用实验方案 1 进行土壤水分的反演，误差不稳定且波动大，特别是在第 250～290 天（P041）和第 206～220 天（P036），反演误差非常不稳定，相比较实验方案 2 的反演结果相较实验方案 1 更好。P041、P036 两个测站反演结果与土壤湿度参考值的相关系数（R^2）如图 5-7 所示，R_1^2 为修正相位的相关性，R_2^2 为原始相位的相关性，两个测站中每颗卫星的反演精度，如表 5-1 和表 5-2 所示。

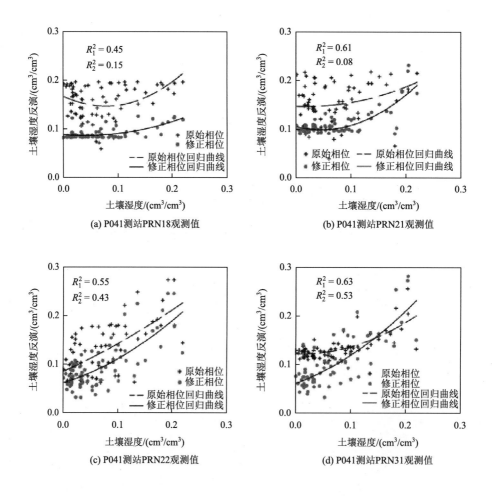

(a) P041测站PRN18观测值

(b) P041测站PRN21观测值

(c) P041测站PRN22观测值

(d) P041测站PRN31观测值

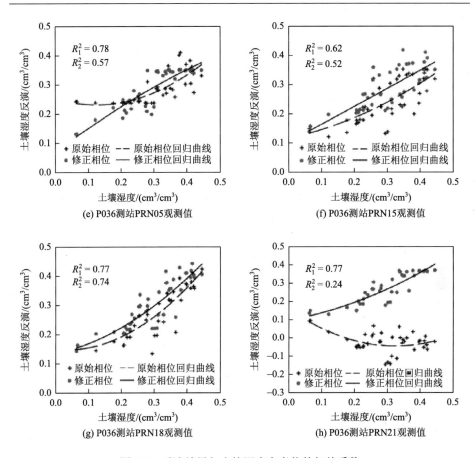

图 5-7　反演结果与土壤湿度参考值的相关系数

表 5-1　P041 站中每颗卫星的反演精度　　　（单位：cm³/cm³）

卫星编号	PRN18		PRN21		PRN22		PRN31	
	φ_r	φ_r'	φ_r	φ_r'	φ_r	φ_r'	φ_r	φ_r'
RMSE	0.077	0.049	0.103	0.059	0.072	0.048	0.105	0.054
MAE	0.068	0.041	0.090	0.050	0.062	0.040	0.090	0.047
MAX	0.128	0.126	0.210	0.105	0.141	0.096	0.190	0.105

表 5-2　P036 站中每颗卫星的反演精度　　　（单位：cm³/cm³）

卫星编号	PRN05		PRN15		PRN18		PRN21	
	φ_r	φ_r'	φ_r	φ_r'	φ_r	φ_r'	φ_r	φ_r'
RMSE	0.070	0.047	0.085	0.058	0.057	0.047	0.108	0.051

卫星编号	PRN05		PRN15		PRN18		PRN21	
	φ_r	φ_r'	φ_r	φ_r'	φ_r	φ_r'	φ_r	φ_r'
MAE	0.053	0.038	0.068	0.048	0.041	0.036	0.093	0.039
MAX	0.178	0.097	0.183	0.101	0.159	0.106	0.257	0.115

注：RMSE 表示均方根误差（root mean squared error）；MAE 表示平均绝对误差（mean absolute error）；MAX 表示最大误差（maximum）。

图 5-7 中，"十"字为原始干涉相位 φ_r 反演结果，圆点为修正植被效应后的干涉相位 φ_r' 反演结果。从图 5-7 可以看出，校正植被效应后的反演结果与实际值之间的相关性得到了改善。但是，不同卫星的反射信号受植被信息效应的影响不同，导致反演结果与土壤水分参考值之间的相关性也存在很大差异。因此，如何选择用以土壤水分反演的卫星尤为重要。根据表 5-1 和表 5-2 的精度统计，无论是 RMSE、MAE，还是 MAX，修正植被效应后干涉相位 φ_r' 的反演结果均优于使用原始干涉相位 φ_r 的反演结果，并且 MAX 也得到了明显的改善。可以看出，有必要改变植被变化的影响，提高土壤水分反演的准确性。简而言之，利用单颗卫星的干涉相位，通过神经网络建立土壤水分非线性反演模型是可行的。但是，利用修正植被效应后干涉相位 φ_r' 反演土壤水分，得到的土壤水分与监测值之间的相关性优于原始干涉相位 φ_r 反演模型，模型反演的精度进一步提高。

5.4　基于多星融合的土壤湿度反演方法

通过增加观测次数来提高观测精度一直是测量常用的手段之一。因此，部分学者考虑将多颗卫星的干涉相位一起用来反演土壤湿度，以此来提高反演土壤湿度的精度。以下将通过具体实例讲解基于多星融合的土壤湿度反演方法。

5.4.1　多星融合的土壤湿度滚动式估算模型

最小二乘支持向量机（LS-SVM）是 Suykens 和 Vandewalle 于 1999 年提

出的机器学习方法，能够较好地解决小样本、非线性和高维模式识别等实际问题[18]，已在建筑物变形预警、滑坡预测等非线性事件处理中得到广泛应用[19]。与人工神经网络、最小二乘拟合算法等传统非线性方法相比，LS-SVM 模型需要更少的建模数据即可实现样本的测试，具有更强的泛化能力。因此，考虑将最小二乘支持向量机引入土壤湿度估算中，建立基于多星融合的土壤湿度最小二乘支持向量机估算模型，以此来提高利用 GNSS-IR 技术反演土壤湿度的精度。

1. 基于多星融合的土壤湿度 LS-SVM 估算原理

设 GPS 卫星相对延迟相位集 x 为

$$x = [x_1^0, x_2^0, \cdots, x_N^0] \qquad N = 1, 2, \cdots, l \qquad (5.12)$$

$$x_N^0 = [\phi_{MP2}^1, \phi_{MP2}^2, \cdots, \phi_{MP2}^M] \qquad M = 1, 2, \cdots, 32 \qquad (5.13)$$

式中，N 为年积日；M 为卫星的个数。

设给定的训练集样本为 $\{(x_i, y_i) | i = 1, 2, \cdots, l\}$，对应于相对干涉相位集 x_i 的土壤湿度集为 y_i，那么，在利用相对延迟相位估算土壤湿度的应用中，$x_i \in R^q$ 代表 q 维相对延迟相位输入样本，$y_i \in R$ 代表土壤湿度输出样本。LS-SVM 估计的回归问题可等价为最小化下列泛函[18]，LS-SVM 回归算法如下：

$$f(x) = w^T \varphi(x) + b \qquad (5.14)$$

式中，w 和 b 为代求参数，分别表示为特征空间权系数向量和阈值；$\varphi(x)$ 为从输入空间到高维特征空间的非线性映射。LS-SVM 估计的回归问题可以表示为最小化下列泛函[18]：

$$\begin{cases} \min Q(w, e) = \dfrac{1}{2} w^T w + \dfrac{\lambda}{2} \sum_{i=1}^{l} e_i^2 \\ \text{s.t.} \ \ y_i = w^T \phi(x_i) + b + e_i \qquad i = 1, 2, \cdots, l \end{cases} \qquad (5.15)$$

式中，λ 为正则化参数；e_i 为拟合误差；$\phi(\cdot)$ 为核函数。解决上述优化问题，需要将约束问题变为无约束优化问题，则要引入拉格朗日函数，定义式（5.15）的拉格朗日函数为

$$L(\boldsymbol{w},b,\boldsymbol{e},\boldsymbol{a}) = \frac{1}{2}\boldsymbol{w}^{\mathrm{T}}\boldsymbol{w} + \frac{\lambda}{2}\sum_{i=1}^{l}e_i^2 - \sum_{i=1}^{l}a_i[\boldsymbol{w}^{\mathrm{T}}\phi(x_i) + b + e_i - y_i] \qquad (5.16)$$

式中，$a_i(i=1,2,\cdots,l)$ 为拉格朗日乘子。根据 Karush-Kuhn-Tucker（KKT）条件，对式（5.16）求偏导得到最优解：

$$\begin{cases} \dfrac{\partial L}{\partial \boldsymbol{w}} = 0 \longrightarrow \boldsymbol{w} = \sum_{i=1}^{l} a_i\phi(x_i) \\[2mm] \dfrac{\partial L}{\partial b} = 0 \longrightarrow \sum_{i=1}^{l} a_i = 0 \\[2mm] \dfrac{\partial L}{\partial e_i} = 0 \longrightarrow a_i = \gamma e_i \\[2mm] \dfrac{\partial L}{\partial a_i} = 0 \longrightarrow \boldsymbol{w}^{\mathrm{T}}\phi(x_i) + b + e_i - y_i = 0 \end{cases} \qquad (5.17)$$

消去式（5.17）中的变量 $\boldsymbol{w}$ 和 e_i，并引入满足 Mercer 条件定义的核函数 $\boldsymbol{K}(x_i,x) = \phi(x_i)^{\mathrm{T}}\phi(x_j)$，$i,j=1,2,\cdots,l$ 得到如下线性方程组：

$$\begin{bmatrix} 0 & \boldsymbol{A} \\ \boldsymbol{A} & \boldsymbol{K}(x_i,x_j) + \dfrac{\boldsymbol{F}_0}{\gamma} \end{bmatrix} \begin{bmatrix} b \\ \boldsymbol{a} \end{bmatrix} = \begin{bmatrix} 0 \\ \boldsymbol{y} \end{bmatrix} \qquad (5.18)$$

式中，$\boldsymbol{A}=[1,1,\cdots,1]^{\mathrm{T}}$；$\boldsymbol{F}_0$ 为 $l\times l$ 的单位矩阵；γ 为正则化参数；$\boldsymbol{y}=[y_1,y_2,\cdots,y_l]^{\mathrm{T}}$；$\boldsymbol{a}=[a_1,a_2,\cdots,a_l]^{\mathrm{T}}$。最后利用最小二乘求解式（5.18）的线性方程，从而求解出 $\boldsymbol{a}$ 和 b，最后得到 LS-SVM 的回归系数：

$$f(x) = \sum_{i=1}^{l} \boldsymbol{a}_i \boldsymbol{K}(x_i,x_j) + b \qquad (5.19)$$

式中，x_i 为训练样本；x_j 为测试样本。

2. 模型估算流程

（1）根据 5.2.2 节的步骤求解出每颗卫星的干涉相位。

（2）建立土壤湿度估算模型。通过线性回归方程对相对延迟相位和土壤湿度进行相关性分析，并合理设置相关系数的阈值范围选取有效卫星，进而建立 LS-SVM 非线性拟合模型。

（3）滚动式估算。设选定的前时段作为模型的训练样本，估算步长为 b_1，滚动式估算模式为：设输入训练样本 1 为 $E = \{x_1, x_2, \cdots, x_n\}$，则输入测试样本 1 为 $F = \{x_{n+1}, x_{n+2}, \cdots, x_{n+b_1}\}$；进而设输入训练样本 2 为 $E = \{x_{1+b_1}, x_{2+b_1}, \cdots, x_{n+b_1}\}$，则输入测试样本 2 为 $F = \{x_{n+b_1+1}, x_{n+b_1+2}, \cdots, x_{n+2b_1}\}$，依此类推估算。估算流程如图 5-8 所示。

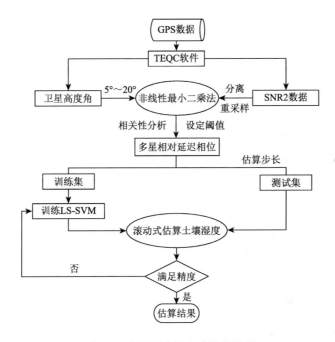

图 5-8　土壤湿度滚动式估算流程

3. 实验分析

选取美国板块边缘观测计划 PBO H_2O 提供的 P041 测站 2011 年第 67~290 天（共 224 d）和 P043 测站 2015 年第 73~294 天（共 222 d）的 GPS 原始观数据和土壤湿度参考值进行实验。两个站点均采用钢制三角支架安置，接收机型号为 TRIMBLENERT 9，采用 SCIT 的天线罩，天线型号为 TRM59800.80。首先设置截止卫星高度角为 5°~20°，并利用 TEQC 解算 GPS 接收机监测数据得到 L2 载波的 SNR 值，随后利用二次多项式拟合分离各卫星的直、反射信号，并采用非线性最小二乘法估算各卫星的相对延迟相位。其中，P041 测站有效波段的 PRN03、06、09、11、14、15、18、21、22、26、31 和 32 号卫星的相对延迟相位（RDP）与土壤湿度的关系见图 5-9。

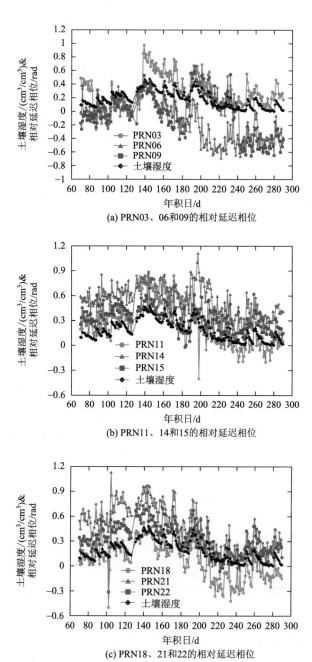

(a) PRN03、06和09的相对延迟相位

(b) PRN11、14和15的相对延迟相位

(c) PRN18、21和22的相对延迟相位

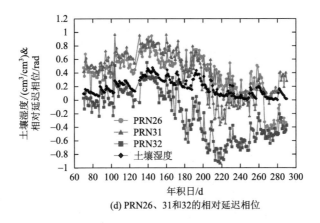

(d) PRN26、31和32的相对延迟相位

图 5-9　P041 测站的相对延迟相位与土壤湿度关系图

由图 5-9 可知，当土壤湿度上升或下降波动时，各卫星的相对延迟相位均能做出响应。对于第 131～132 天、137～140 天和 186～195 天，各卫星的相位延迟呈现了较大的浮动，这与持续性降水造成的土壤湿度急剧上升相关。整个时段内，两个测站部分卫星的相对相位延迟与土壤湿度之间的线性回归方程系数 R^2 如图 5-10 所示。

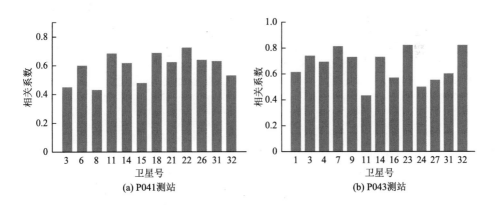

(a) P041测站　　　　　　　　　　　　　(b) P043测站

图 5-10　相对延迟相位与土壤湿度之间的相关系数分析

由图 5-10 可知，不同卫星的相对相位延迟与土壤湿度之间的相关性均不一样。进一步对比各卫星发现，不同卫星对土壤湿度变化的响应模式并不一

致，同一卫星的相对延迟相位在不同时段均出现异常跳变现象，这主要是观测过程中卫星相对于 GPS 天线的几何运动轨迹以及卫星本身的性能不同、地表多路径环境影响所造成的。因此，直接通过某种方法或者手段剔除单颗卫星异常跳变值较为困难，也不利于土壤湿度连续性估算模型的建立。通过多星融合形成互补，经非线性拟合定权实现土壤湿度估算成为可能。为了验证多星融合估算的可行性和有效性，设置线性回归方程系数 R^2 大于 0.6 的阈值范围，分别选取 P041 测站 8 颗卫星和 P043 测站 9 颗卫星的相对延迟相位建立 LS-SVM 土壤湿度估算模型，设立 3 种方案进行对比分析：方案 1 建立基于单颗卫星的滚动式估算；方案 2 对方案 1 各单颗卫星的反演结果取均值（等权平均）；方案 3 基于多星融合的滚动式估算。为了减小建模误差，需要对相对延迟相位进行预处理，将数据统一归一化到[-1, 1]，经模型估算后再还原到原始区间。对于 P041 测站，以第 67～140 天为训练样本，后第 141～290 天为测试样本，选取估算步长为 1。例如，当估算步长取 1 时，则通过第 67～140 天建模来估算第 141 天，然后采用第 68～141 天建模估算第 142 天，以此类推迭代计算，直到估算到第 290 天。同理，P043 测站采用第 73～119 天为训练样本，后第 120～294 天为测试样本，估算步长为 1。以美国板块边缘观测计划 PBO 提供的土壤水分产品作为参考值，各方案的估算结果如图 5-11 和图 5-12 所示。

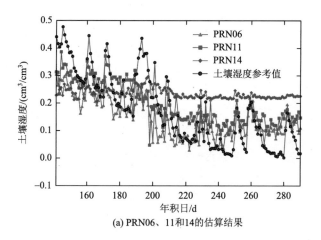

(a) PRN06、11和14的估算结果

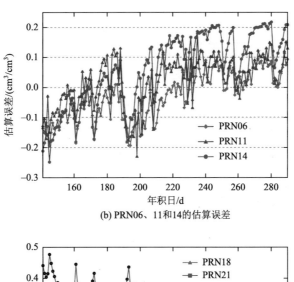

(b) PRN06、11和14的估算误差

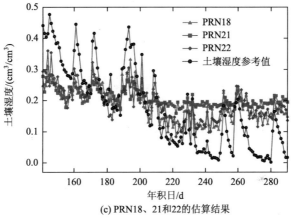

(c) PRN18、21和22的估算结果

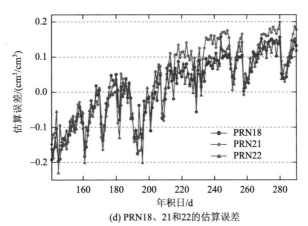

(d) PRN18、21和22的估算误差

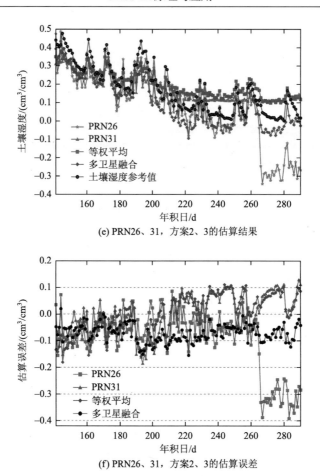

(e) PRN26、31，方案2、3的估算结果

(f) PRN26、31，方案2、3的估算误差

图 5-11　P041 土壤含水量估算结果及误差分析

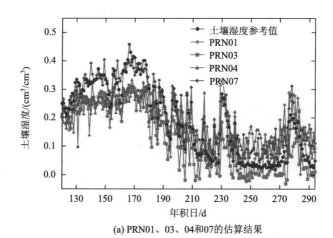

(a) PRN01、03、04和07的估算结果

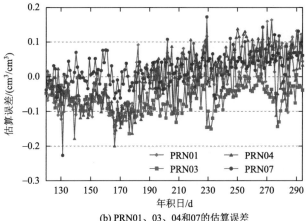

(b) PRN01、03、04和07的估算误差

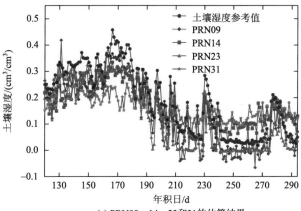

(c) PRN09、14、23和31的估算结果

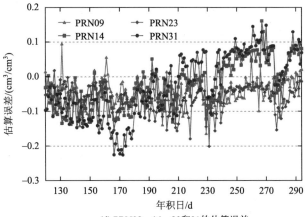

(d) PRN09、14、23和31的估算误差

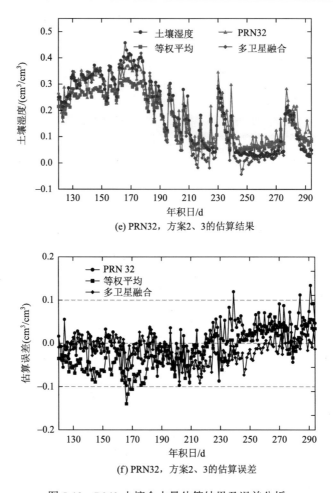

(e) PRN32，方案2、3的估算结果

(f) PRN32，方案2、3的估算误差

图 5-12　P043 土壤含水量估算结果及误差分析

　　由图 5-11 和图 5-12 可知，采用单颗卫星进行土壤湿度估算，难以准确掌握土壤湿度的变化规律，估算误差基本呈递增趋势；对于土壤湿度波动较大的时段，估算过程极易出现异常跳变现象。特别是土壤湿度值较小的时段，部分卫星的估算结果出现明显的失真现象，如 P041 测站的 14、26 和 31 号卫星。这主要是单颗卫星信号在某时刻某方向受地表多路径环境影响较大，使得有用的土壤湿度反射信息受到干扰，估算过程极易出现异常跳变现象。通过对各卫星的估算结果进行等权平均，估算误差的波动程度仍较为剧烈，如图 5-11 中的第 180～290 天。进一步对比各单颗卫星和方案 2 的估算误差发现，

采用方案 2 估算的误差变化趋势易受单颗卫星估算误差的影响，而且没有能够有效地抑制估算过程异常跳变值的出现。方案 3 能够更好地反映土壤湿度的变化趋势，估算误差更为平稳，有效改善了采用单颗卫星进行土壤湿度估算时极易出现异常跳变的现象。可见，不同的卫星反映着不同方向的地表环境信息，采用单颗卫星估算难以准确掌握某个区域内土壤湿度信息；综合各卫星的估算结果，在一定程度上抑制了地表多路径环境对土壤湿度估算的影响，采用非线性定权比直接采用等权平均更有优势。

为了进一步综合评定各方案的性能，采用 R^2、均方根误差（RMSE）、平均绝对误差（MAE）和最大误差（MAX）进行评定，结果如表 5-3 和表 5-4 所示。

表 5-3　P041 测站各模型土壤湿度估算精度统计表

项目	P041 测站								等权平均	多星融合
	06	11	14	18	21	22	26	31		
R^2	0.749	0.674	0.406	0.760	0.711	0.746	0.700	0.738	0.935	0.942
RMSE	0.085	0.086	0.135	0.091	0.115	0.091	0.145	0.077	0.074	0.079
MAE	0.070	0.072	0.119	0.078	0.101	0.078	0.103	0.065	0.063	0.073
MAX	0.196	0.231	0.249	0.197	0.202	0.230	0.392	0.185	−0.181	−0.155

表 5-4　P043 测站各模型土壤湿度估算精度统计表

项目	P043 测站								等权平均	多星融合
	01	03	04	07	09	14	23	31	32		
R^2	0.739	0.916	0.784	0.869	0.905	0.800	0.914	0.690	0.890	0.969	0.962
RMSE	0.072	0.074	0.070	0.052	0.060	0.070	0.074	0.097	0.044	0.047	0.032
MAE	0.060	0.064	0.058	0.040	0.050	0.059	0.063	0.084	0.035	0.040	0.024
MAX	−0.165	−0.164	−0.199	−0.227	−0.164	0.161	−0.201	−0.226	0.134	−0.140	−0.092

结合表 5-3 和表 5-4 发现，方案 2 和方案 3 的各项精度指标较为接近，采用方案 3 的估算结果与土壤湿度之间的 R^2 分别为 0.942 和 0.962，前者相对于单一卫星至少提高了 18.18%；RMSE 分别为 0.079、0.032；MAE 分别为 0.073、0.024，MAX 最小。可见，采用等权平均方法和多星融合估算方法相对于单颗卫星，其估算精度均有所提高。结合图 5-11 和图 5-12 综合对比分析：采用多

星融合估算，不仅保证了估算过程局部误差的稳定性，而且相对于等权平均方法更能有效地抑制采用单颗卫星估算时极易出现的异常跳变现象，反演过程不易受单颗卫星的影响。

综上所述，土壤湿度问题可当作一个非线性事件进行处理，多星融合模式应用于土壤湿度估算是可行、有效的。基于多星融合的 LS-SVM 滚动式估算模型充分融合了各卫星的性能，使得各卫星的相对延迟相位之间形成了互补；不同的卫星在不同时刻反映着不同方向的地表环境信息，多星融合在一定程度上有效改善了单颗卫星难以适应地表多路径影响的问题，而且，多星融合相对于单一卫星更能适应不同湿度程度的土壤，在估算过程中 LS-SVM 并未发生过拟合现象，模型的性能也得到了较好的发挥，优于直接对各卫星进行等权平均的结果。

5.4.2 利用 GNSS-IR 监测土壤湿度的多星线性回归反演模型

1. 多星线性回归反演模型

线性回归原理主要是利用称为线性回归方程的最小二乘函数对一个或多个自变量和因变量之间关系进行建模的一种回归分析。由于 GPS 卫星多径干涉相位和土壤湿度之间存在一定的线性相关，因此，依据线性回归原理建立二者之间的关系在理论上是可行的。设 GPS 卫星多径干涉相位集为 x，对应的年积日观测时间段长度为 m，则有

$$\begin{aligned} x &= [x_1^0, x_2^0, \cdots, x_n^0] & n &= 1, 2, \cdots, 32 \\ x_n^0 &= [\varphi_1, \varphi_2, \cdots, \varphi_t] & t &= 1, 2, \cdots, m \end{aligned} \tag{5.20}$$

式中，n 为卫星编号；x_n^0 为单星的多径干涉相位集；m 为各卫星多径干涉相位集的长度。

设对应于 x 的土壤湿度集为 y，取 n 颗卫星组合的 x_i^j ($i = 1, 2, \cdots, t_1$; $j = 1, 2, \cdots, n$) ($t_1 < m, n \leqslant 32$) 作为建模的多径干涉相位输入样本，对应的土壤湿度输出样本为 y_i；x_e^j ($e = t_1 + 1, t_1 + 2, \cdots, m; j = 1, 2, \cdots, n$) 作为模型的多径干涉相位测试样本。那么，建立的多星线性回归方程如下：

$$y_i = \alpha_0 + \alpha_1 x_i^1 + \alpha_2 x_i^2 + \cdots + \alpha_j x_i^j + \varepsilon_i \tag{5.21}$$

式中，$\alpha_0, \alpha_1, \cdots, \alpha_j$ 为模型待估的回归系数；ε_i 为随机误差。

将回归方程转为矩阵表达式，得到

$$Y = \begin{bmatrix} y_1 \\ y_2 \\ \vdots \\ y_i \end{bmatrix}, \quad X = \begin{bmatrix} 1 & \cdots & x_i^1 \\ \vdots & & \vdots \\ 1 & \cdots & x_i^j \end{bmatrix}, \quad A = \begin{bmatrix} \alpha_1 \\ \alpha_2 \\ \vdots \\ \alpha_j \end{bmatrix}, \quad \varepsilon = \begin{bmatrix} \varepsilon_1 \\ \varepsilon_2 \\ \vdots \\ \varepsilon_i \end{bmatrix} \quad (5.22)$$

式中，Y 为土壤湿度向量；X 为多径干涉相位向量；A 为待求参数向量；ε 为随机误差向量，则基于多星多径干涉相位组合的线性回归模型可表示为

$$Y = XA + \varepsilon \quad (5.23)$$

对式（5.23）进行最小二乘估计，得到估计值为

$$A_{LS} = (X^T X)^{-1} X^T Y \quad (5.24)$$

为判定参数估计的可靠程度，从拟合优度检验（决定系数 R^2）、方程总体线性的显著性检验（F 检验）和变量的显著性检验（t 检验）三方面对建模过程进行统计检验，各检验方法的原理可参考文献[20]。经检验达到精度要求后，输入测试数据 x_e^j 得到土壤湿度的反演结果。

2. 模型估算流程

基于多星融合反演土壤湿度的过程分为 3 个主要步骤，反演流程如图 5-13 所示。

（1）根据 5.2.2 节的步骤求解出每颗卫星的干涉相位。

（2）多卫星选取。考虑多星融合需要满足连续性问题，需根据各卫星的出现时间、波段以及观测数据质量对各卫星多径干涉相位进行初步选取。进而，采用惠更斯-菲涅耳原理[21]对所选取卫星的有效测量区域进行分析，并根据各卫星多径干涉相位与土壤湿度之间的相关性 r，设置相关系数阈值，综合选取多星多径干涉相位。

（3）土壤湿度反演及对比分析。根据 r 大小，合理设置试验方案。设 x_i^j 作为建模的多径干涉相位输入样本，对应的土壤湿度输出样本为 y_i，建立多星线性回归反演模型；进而以 x_e^j 作为测试样本输入建立好的模型实现土壤湿度

反演，并对比分析不同单颗卫星、多颗卫星组合反演的精度，以验证本书方法的可行性和有效性。

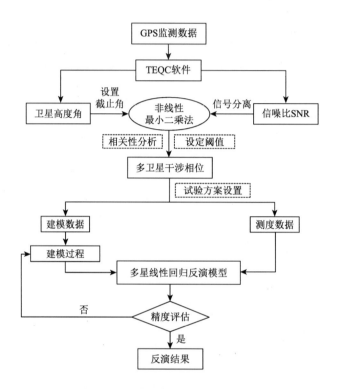

图 5-13　土壤湿度多星组合反演流程

3. 实验分析

选取来自 PBO 提供的 P043 测站 2015 年年积日第 120～239 天（共 120 d）的观测数据进行实验，采样率为 30 Hz。该测站采用钢制三角支架安置，接收机型号为 TRIMBLE NERT9，采用 SCIT 的天线罩，天线型号为 TRM59800.80；能够记录 L2C 观测值，很早就用于开展土壤湿度分析，具有一定的代表性。P043 测站周边环境如图 5-14 所示。可见，该测站周边地形较为平坦、开阔且植被稀少，有利于土壤湿度监测。对应于 GPS 观测数据，来自 PBO 提供的土壤湿度参考值及降水量如图 5-15 所示。

图 5-14　P043 测站周边环境

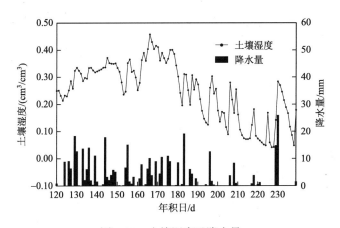

图 5-15　土壤湿度及降水量

从图 5-15 可以看出，该时段内显著降水超过 10 mm 的有 14 d，其中年积日第 230 天达到 26 mm。由于该时段降水较为频繁，土壤湿度变化较为剧烈，呈现出一定的非线性和随机性变化。当降水停止后，土壤湿度逐渐减少和回落。可见，降水是影响土壤湿度变化的主要原因，该测站的降水量较为丰富，适合开展土壤湿度研究。

依据已有的资料和文献，实验中设置卫星截止高度角为 5°～20°，利用 TEQC 解算 GPS 观测数据得到 SNR（L2 载波），经二次多项式拟合分离出各卫星的直射和反射信号，并采用非线性最小二乘法拟合得到各卫星的多径干

涉相位。随机选取 PRN03、04、07、14、23、31 和 32 卫星的多径干涉相位进
行分析，见图 5-16。

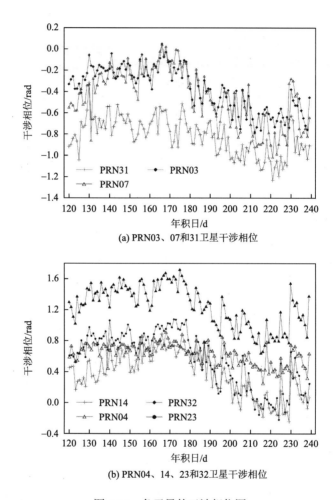

(a) PRN03、07和31卫星干涉相位

(b) PRN04、14、23和32卫星干涉相位

图 5-16　各卫星的干涉相位图

　　由图 5-16 可知，当土壤湿度上升或下降时，各卫星的多径干涉相位均能
做出响应。特别是年积日第 230 天，各卫星的多径干涉相位呈现出较大幅度
的上升，这与突发的降水量有关。整个时段内，各卫星的多径干涉相位与土
壤湿度参考值之间的相关系数 r 分别为 0.869、0.697、0.845、0.835、0.908、
0.661 和 0.877。可见，各卫星的多径干涉相位与土壤湿度的变化趋势吻合性

良好。进一步对比各卫星发现，在相同的时段，不同卫星对土壤湿度变化的响应模式并不一致，这可能是观测过程中卫星相对于 GPS 天线的几何运动轨迹以及卫星本身的性能不相同所造成的。如果能够通过某种方法或手段将多颗卫星的多径干涉相位进行组合，将更有利于土壤湿度的反演。

因此，实验选取该测站 7 颗卫星的多径干涉相位建立多星线性回归反演模型，通过 7 种实验方案进行对比分析（表 5-5）。以年积日第 120~209 天的多径干涉相位作为建模输入样本，对应的土壤湿度参考值作为建模输出样本；以年积日第 210~239 天的多径干涉相位作为测试输入样本，各方案的建模参数见表 5-5。可见，各方案的模型参数均不一样。经各方案得到的土壤湿度反演误差如图 5-17 所示。

表 5-5　多星线性回归反演模型的参数对比

实验方案	组合卫星	a	a_1	a_2	a_3	a_4	a_5	a_6	a_7
1	PRN03	0.415	0.432	—	—	—	—	—	—
2	PRN04	−0.066	0.520	—	—	—	—	—	—
3	PRN07	0.403	0.322	—	—	—	—	—	—
4	PRN14	0.148	0.297	—	—	—	—	—	—
5	PRN23	0.086	0.285	—	—	—	—	—	—
6	PRN31	0.582	0.379	—	—	—	—	—	—
7	PRN32	−0.159	0.337	—	—	—	—	—	—
8	PRN07、31	0.507	0.168	0.250	—	—	—	—	—
9	PRN03、14	0.314	0.302	0.132	—	—	—	—	—
10	PRN04、32	−0.184	0.305	0.097	—	—	—	—	—
11	PRN04、14、32	−0.124	0.111	0.219	0.101	—	—	—	—
12	PRN03、23、32	0.071	0.130	0.131	0.115	—	—	—	—
13	PRN03、07、23、32	0.135	0.102	0.097	0.130	0.063	—	—	—
14	PRN04、14、23、32	−0.064	0.072	0.142	0.078	0.108	—	—	—
15	PRN03、07、14、23、32	0.128	0.090	0.096	0.028	0.127	0.056	—	—
16	PRN03、07、14、31、32	0.170	0.044	0.105	0.095	0.032	0.151	—	—
17	PRN03、04、07、14、31、32	0.148	0.042	0.099	0.091	0.037	0.143	0.040	—
18	PRN03、04、07、14、23、32	0.107	0.085	0.093	0.032	0.119	0.039	0.054	—
19	PRN03、04、07、14、23、31、32	0.137	0.033	0.088	0.080	0.029	0.120	0.037	0.046

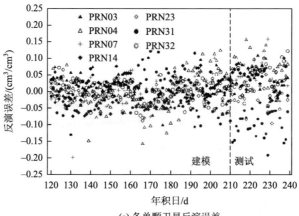

(a) 各单颗卫星反演误差

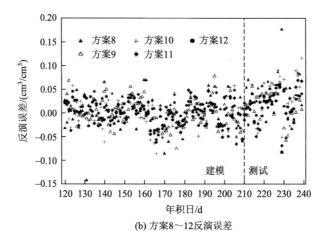

(b) 方案8～12反演误差

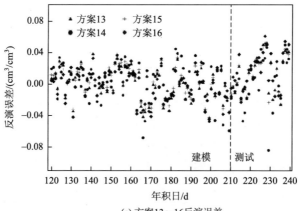

(c) 方案13～16反演误差

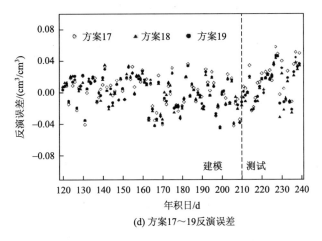

(d) 方案17～19反演误差

图 5-17　各方案的土壤湿度反演误差

　　由图 5-17（a）可知，不管是建模还是测试阶段，采用单颗卫星难以准确掌握土壤湿度的变化规律，反演误差波动较为明显；部分卫星的反演结果极易出现异常跳变现象，如 PRN04、31 卫星等。对于相关系数（r）较低的单颗卫星，其反演效果较差。对比方案 8～12 发现，采用两颗或三颗卫星的反演结果相差并不明显，均相对于单颗卫星有所改善；但对明显降水时段的土壤湿度反演误差仍较大，特别是在年积日第 229 天和第 230 天。从图 5-17（c）和（d）看出，采用 5 颗以上卫星的反演误差逐步趋向于稳定，能够有效改善在降水量明显时段的土壤湿度反演误差；当卫星数达到 7 颗时，建模误差和测试误差均得到了很好的改善，反演误差较为稳定。可见，不同的卫星反映着不同方向的地表信息，采用单颗卫星估算难以准确掌握某个区域内土壤湿度信息；多星融合反演，在一定程度上抑制了地表多路径环境对土壤湿度反演的影响，能够有效改善采用单颗卫星反演时反演结果极易出现跳变的现象。

　　为了进一步综合评定各方案的性能，采用相关系数（r）、均方根误差（RMSE）、平均绝对误差（MAE）和最大反演误差（MAX）对模型的建模（内符合）和测试（外符合）精度进行评定。各方案的建模和测试结果与土壤湿度参考值之间的相关性和测试精度见图 5-18 和图 5-19。可见，采用单颗卫星反演土壤湿度，其建模和测试阶段的 r 均较低，最大反演误差基本大于 0.095，

RMSE 和 MAE 分别在 0.038～0.103 和 0.029～0.095 变化。随着组合卫星数的增加，反演误差呈整体下降的趋势。当卫星数达到 6 颗以上时，对于建模和测试阶段，其 r 均大于 0.090，测试结果相对于单颗卫星至少提高了 20.8%；对于 RMSE 和 MAE，建模阶段均小于 0.019，测试阶段均小于 0.028；采用 6 颗卫星组合的 MAX 均小于 0.058，7 颗卫星组合的 MAX 仅为 0.047。可见，多星融合相对于单颗卫星，其反演精度均有了较大的提高。

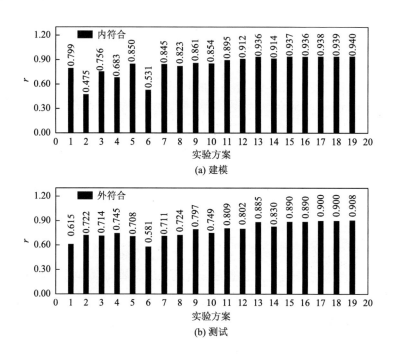

图 5-18　各方案的建模和测试结果与参考值之间的相关性

　　综上，不同卫星的多径干涉相位与土壤湿度之间的响应模式均不一样，如何根据各时段选取最佳的多径干涉相位进行组合是需要进一步探讨的问题。采用单颗卫星建立线性回归模型不易得到满意的结果，特别是对于降水较为明显的时段，其反演误差容易跳变；多星线性回归反演模型充分融合了不同卫星的性能，使得各卫星的多径干涉相位之间形成了互补；当达到 6 颗以上卫星组合时，其反演精度更为稳定。

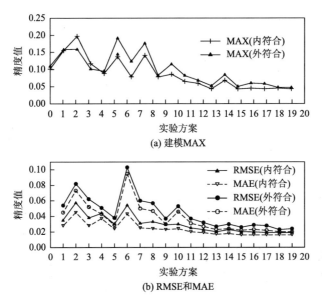

图 5-19　各方案的建模和测试精度

5.4.3　基于 GNSS-IR 的土壤湿度多星非线性回归估算模型

1. 多星非线性回归反演模型

多元非线性回归分析方法适用于解释一个因变量与多个自变量之间的非线性关系，为了探讨其是否也能够应用于土壤湿度反演方面，本书建立了一个土壤湿度 y 与各卫星反演出的干涉相位 $x_i(i=1,2,\cdots,n)$ 之间的多星非线性回归模型：

$$y = f(x_1, x_2, \cdots, x_i) = b_1 + b_2 x_1 + b_3 x_2 + \cdots + b_j x_1 x_2^2 + b_m x_i^3 \qquad (5.25)$$

式中，b_1 为回归系数；b_m 为偏回归系数（ m 为正整数）。

采用莱文贝格-马夸特（Levenberg-Marquardt，L-M）方法对多星非线性回归方程的回归系数进行求解。

2. 实验分析

实验使用美国板块边缘观测 PBO 计划提供的 P041 站 2011 年年积日第 131~271 天的 GPS 观测数据和土壤湿度参考值，该站接收机为 TRIMBLE

NERT9，采用 SCIT 的天线罩，天线型号为 TRM59800.80，数据采样频率为 15 Hz。

　　本实验使用 L2 载波上高度角 5°～20°的 SNR 数据进行反射信号相位估计，首先利用 TEQC 解算出 L2 载波信号的 SNR 数据，然后经过二次多项式拟合分离卫星的直、反射信号，并采用非线性最小二乘拟合得到各卫星的多径干涉相位。随机选取 PRN06、07、12、17、20、24、32 卫星反射信号的多径干涉相位进行研究，见图 5-20。

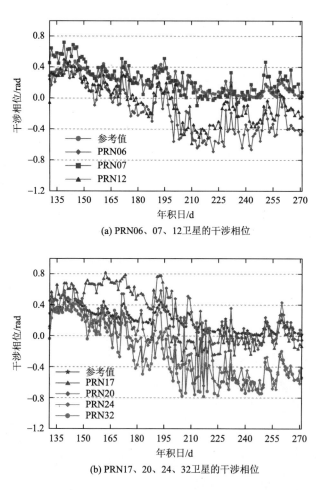

(a) PRN06、07、12 卫星的干涉相位

(b) PRN17、20、24、32 卫星的干涉相位

图 5-20　部分卫星的干涉相位

从图 5-20 可以看出，干涉相位能对土壤湿度的变化做出响应，但是大部分卫星的干涉相位与土壤湿度之间存在较大误差，且异常跳变值较多，这可能与每颗卫星的性能和运行轨迹有关。

本实验选取 7 颗卫星在年积日第 131～245 天的干涉相位作为建模的输入样本，并通过 L-M 方法求解出式（5.25）中的回归系数，建立多星非线性回归模型。然后，利用年积日第 246～271 天的干涉相位作为测试样本，以检验模型的可行性。各建模方案的回归系数如表 5-6～表 5-8 所示，图 5-21 给出了各方案反演土壤湿度结果。

表 5-6　单星非线性回归模型回归系数

方案	组合卫星	b_1	b_2	b_3	b_4
1	PRN06	0.291	0.417	−0.115	−0.366
2	PRN07	0.078	0.579	0.667	−1.192
3	PRN12	0.226	0.626	0.172	−1.362
4	PRN17	0.166	0.353	−0.132	−0.034
5	PRN20	0.103	0.496	1.022	−1.837
6	PRN24	0.266	0.336	0.019	0.094
7	PRN32	0.291	0.206	0.022	0.207

表 5-7　双星非线性回归模型回归系数

方案	组合卫星	b_1	b_2	b_3	b_4	b_5
8	PRN20、32	0.144	0.611	−0.155	0.232	−0.495
9	PRN12、17	0.199	0.506	0.155	0.637	−0.158
10	PRN06、12	0.261	0.175	0.360	−0.295	−0.008
11	PRN07、20	0.083	0.337	0.328	−1.004	−0.350
12	PRN06、07	0.131	0.157	1.003	0.197	−1.849

方案	组合卫星	b_6	b_7	b_8	b_9	b_{10}
8	PRN20、32	0.866	−1.059	−0.185	0.600	−0.333
9	PRN12、17	−0.430	−0.494	0.061	0.642	−0.996
10	PRN06、12	0.370	−0.359	−1.043	0.032	0.454
11	PRN07、20	1.921	4.494	−2.434	7.611	−11.025
12	PRN06、07	0.431	0.158	1.319	−0.373	−1.068

表 5-8　三星非线性回归模型回归系数

方案	组合卫星	b_1	b_2	b_3	b_4	b_5	b_6	b_7
13	PRN07、12、20	0.065	1.099	−0.259	0.433	−4.802	−0.652	−0.891
14	PRN06、12、20	0.234	0.426	0.231	−0.070	0.313	−0.593	1.023

方案	组合卫星	b_8	b_9	b_{10}	b_{11}	b_{12}	b_{13}	b_{14}
13	PRN07、12、20	3.534	1.464	0.884	10.860	−0.214	−3.061	−6.298
14	PRN06、12、20	1.108	−2.185	0.435	−0.073	0.561	−0.838	1.766

方案	组合卫星	b_{15}	b_{16}	b_{17}	b_{18}	b_{19}
13	PRN07、12、20	−16.058	1.391	1.741	12.802	−1.923
14	PRN06、12、20	−2.323	−1.839	0.465	3.115	−1.598

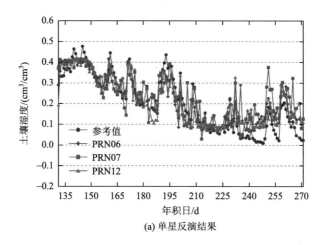

(a) 单星反演结果

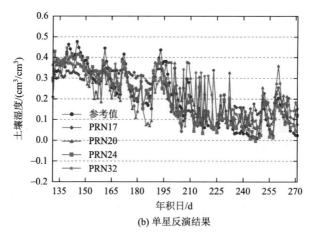

(b) 单星反演结果

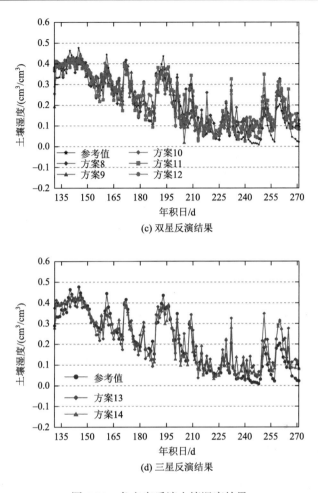

图 5-21　各方案反演土壤湿度结果

由图 5-21 可知，单星建模反演误差较大，且存在很多异常跳变值，如 PRN17、20、32 等卫星在年积日第 210～220 天这段时间出现了较多的异常跳变值。通过分析得出，这些出现异常跳变的卫星都是原始干涉相位与土壤湿度相关系数较低的卫星。而采用双星建模的效果明显优于单星，能较为准确地反映出土壤湿度的变化。三星建模的效果最好，反演结果与土壤湿度具有很强的相关性，且异常跳变值得到了有效的改善，建模误差和测试误差均取得了很好的改善。

为了进一步综合评定各建模方案的可行性和有效性，采用相关系数（r）、均方根误差（RMSE）、平均绝对误差（mean absolute deviation，MAD）对模型的建模（内符合）和测试（外符合）精度进行综合评定。各方案精度指标如图 5-22 所示。

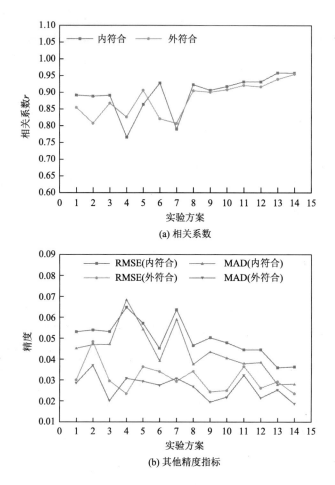

(a) 相关系数

(b) 其他精度指标

图 5-22　各方案精度指标

由图 5-22 分析可得，由于各卫星性能的差异，采用单星建模反演土壤湿度时，反演结果不尽相同，且精度指标较差。而采用双星和三星建模时均取得了较好的效果，反演结果与土壤湿度之间的相关系数 r 分别达到了 0.9 以上和 0.93 以上，其测试部分的 RMSE 平均值分别为 0.029 和 0.026。

综上所述，不同卫星对土壤湿度的反演效果不同，采用单星建模并不能很好地表现土壤湿度的变化，且模型精度较差；而采用双星或三星建立的多星非线性回归模型能充分融合各卫星的优势，所反演出的干涉相位与土壤湿度具有很强的相关性，且模型精度较高。

5.5　GNSS-IR 和遥感点-面融合土壤湿度反演方法

现有的土壤湿度监测手段均存在优缺点，传统方法具有空间不连续、成本过高、工作效率低等缺点。基于普通大地型测量接收机发展起来的 GNSS-IR 技术，由于其具有低成本、高精度、高时频的特点，已然成为监测土壤湿度的新手段，但受限于菲涅尔反射区域，该技术目前仅能监测测站周围 1 000 m² 的土壤湿度变化，无法实现空间连续性监测。而利用遥感技术可以轻松实现全球范围内土壤湿度的连续性观测，但由于光学传感器的缺陷，利用光学遥感监测土壤湿度，容易受云、雾的遮挡而导致信息丢失。微波遥感虽然可以穿透云、雾，但其获得影像的空间分辨率较低。同时，目前多个基于微波所生成的土壤湿度产品的空间分辨率较低，并且土壤湿度不仅受降水影响，还受多种因素共同影响，如地形起伏、土壤类型和地表植被覆盖等，所以从微波遥感中获取土壤湿度容易产生误差[22]。因此，想要准确地获取指定区域内高精度的土壤湿度数据，以及研制高精度、高空间分辨率的土壤湿度产品，则需要考虑其他方法。考虑 GNSS-IR 技术监测土壤湿度的准确性，以及光学遥感影像空间连续和高空间分辨率的特点，一种将地基 GNSS-IR 土壤湿度产品与土壤湿度相关影响因素影像产品点-面融合，并最终研制出高空间分辨率且空间连续的土壤湿度产品的方法被提出，以此来弥补 GNSS-IR 土壤湿度产品空间不连续以及基于微波遥感的土壤湿度产品空间分辨率低的缺点。考虑以上多源数据融合具有复杂的非线性关系，而神经网络不仅可以较好地解决非线性问题，还能较好地探索不同数据集中的隐藏关系，因此选取神经网络来进行土壤湿度点-面数据融合。目前，部分学者利用神经网络进行了大量的多源数据融合相关研究，并取得了良好的成果[22-26]。

5.5.1　GNSS-IR 和遥感点-面融合土壤湿度反演流程

由于土壤湿度点-面数据融合过程是较为复杂的非线性问题，而神经网络在处理非线性问题上具有较好的表现，因此，基于神经网络的相关理论，构建土壤湿度点-面数据融合模型，并生成高空间分辨率的土壤湿度产品，模型构建步骤如下。

（1）模型数据选取。选取 NDVI（v）、GPP（g）、LAI（l）、土地覆盖分类（c）、日平均降水量（p）、日平均气温（t）、高程（h）、坡度（s）、坡向（a）、阴影（e）、经度（x）、纬度（y）12 个变量，作为模型的训练输入变量；采用基于 GNSS-IR 技术获取的土壤湿度（m）作为模型的训练输出变量。

（2）模型输入和输出数据集构建。拟设有实验区域内 i 个 GNSS 测站 j 天的数据，设第 k 个测站第 n 天的模型输入变量集为 $x_{k,n}=[v,g,l,c,p,t,h,s,a,e,x,y]$，$k=1,2,\cdots,i$，$n=1,2,\cdots,j$；则该测站第 n 天对应的模型输出变量集为 $y_{k,n}=[m]$。将所有测站第 n 天 12 个变量构成的模型输入变量集汇总为第 n 天的输入数据集：$X_n=[x_1;x_2;\cdots;x_i]$，则对应的输出数据集为 $Y_n=[y_1;y_2;\cdots;y_i]$。将 i 个测站所有天数的输入数据集汇总为建模输入数据集：$X_{\text{input}}=\{X_1,X_2,\cdots,X_j\}$，则对应的建模输出数据集为：$Y_{\text{output}}=\{Y_1,Y_2,\cdots,Y_j\}$。

（3）建立融合模型。将建模输入数据集和建模输出数据集导入 Matlab 中，利用 Matlab 的 mapminmax 函数将输入、输出数据集归一化到[0, 1]区间，以减少数据对建模的影响；并利用 Matlab 的 randperm 函数对进行了归一化处理的输入、输出数据集进行打乱处理，将打乱后的输入、输出数据集划分为 70%、15%、15%分别作为建模的训练集、确认集、测试集。根据上述神经网络的相关理论，利用 Matlab 构建神经网络，并利用划分好的训练集、确认集进行点-面融合模型训练，利用测试集对训练好的融合模型精度进行测试。

（4）生成高空间分辨率的土壤湿度产品。拟设实验区域影像数据中共有 q 个栅格点，设第 r 个栅格点的模型输入变量集为 $x_r=[v,g,l,c,p,t,h,s,a,e,x,y]$，

$r = 1, 2, \cdots, q$，将实验区域内所有栅格点 12 个变量构成的模型输入变量集汇总为融合输入数据集：$X = [x_1; x_2; \cdots; x_r]$。将融合输入数据集经归一化处理后输入第（3）步训练好的融合模型中，融合模型最终输出实验区域内所有栅格点对应的土壤湿度值：$Y = [y_1; y_2; \cdots; y_q]$。最后根据所有栅格点对应的经纬度以及反演得到的土壤湿度值，生成高空间分辨率空间连续的土壤湿度产品。

本书实验方法和融合模型建立的技术路线如图 5-23 所示。

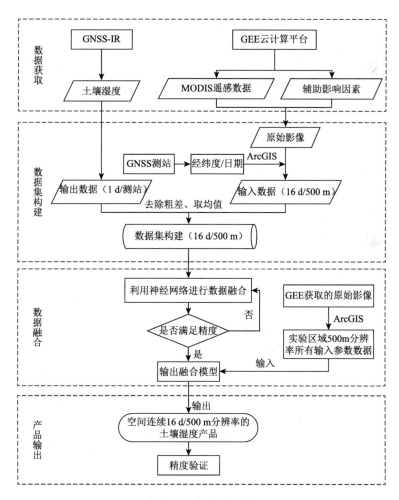

图 5-23　技术路线图

5.5.2　GNSS-IR 和遥感点–面融合土壤湿度反演实例

随着 GNSS-IR 技术的快速发展，美国科罗拉多州立大学的 Larson 教授团队利用 PBO H$_2$O 网络进行了一系列 GNSS-IR 地面环境参数反演研究，目前该网络基于 GNSS-IR 技术生成的植被含水量、土壤湿度、雪深等每日估算数据被当作参考值，广泛应用于 GNSS-IR 的研究中。图 5-24 为 PBO 在美国本土西部地区所布设的提供土壤湿度观测值的 GNSS 站点示意图。

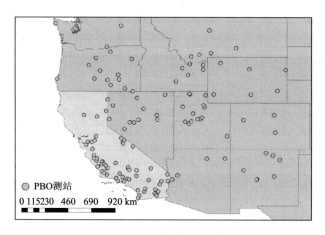

图 5-24　PBO 网络站点分布

由图 5-24 可知，PBO 网络提供土壤湿度观测值的 GNSS 测站分布较为分散，每个州均布设有观测站，其中，加利福尼亚州（图 5-24 浅色区域）布设的 GNSS 测站数最多，分布最为密集。考虑 GNSS 测站分布的密集程度会影响局部区域的建模效果[26]，因此实验选取加利福尼亚州作为实验区域。考虑实验区域地形、气候等因素对土壤湿度的影响，对实验区域的地形进行了进一步分析。实验区域土地覆盖类型如图 5-25 所示，实验区域 Landsat 影像及 GNSS 测站分布如图 5-26 所示。

由图 5-25 可知，在地形方面，实验区域北部多为常绿针叶林以及草原；中部为中央谷地，该地区原本是半沙漠地带，目前已经成为加利福尼亚州最大的农业区，大部分为耕地；中央谷底左侧为海岸山脉，右侧为内华达山脉，

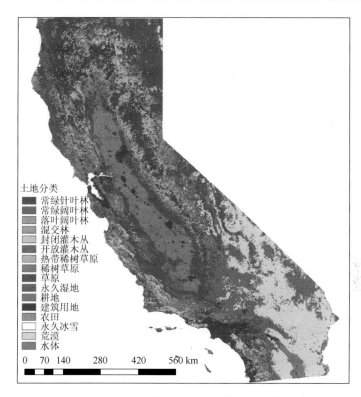

图 5-25　实验区域土地覆盖类型（后附彩图）

这两个区域多以常绿针叶林和稀树草原为主；实验区南部以及东南部以沙漠、开放灌木丛为主，最南部有一小块耕地。由此可见，实验区域各个方位都具有较为独特的地貌特征，造成了实验区内地理条件具有较大的差异。在气候方面，实验区域西部沿海地区为地中海气候，东部内华达山脉周围为高原山地气候，东部以及东南部为热带沙漠气候。虽然实验区域存在多种气候类型，但因靠近海岸，整体还是呈现地中海气候。因此，造成了实验区域夏季炎热、干旱，尤其是南部和东南部的沙漠地带，其夏季温度能达到 54℃；冬季寒冷、多雨，其中北部沿海地区经常会因雨雪过多而发生水灾。在降水方面，西北部年平均降水量约为 4 420 mm，中央谷地年平均降水量为 200～500 mm，东南部沙漠地区平均降水量为 50～70 mm。综上所述，所选实验区域的土壤湿度无论是在时间上还是空间上均会有较大的差异，这方便了后期验证反演结果的准确性。

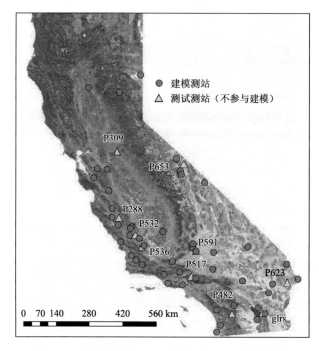

图 5-26　实验区域 Landsat 影像及 GNSS 测站分布

由图 5-26 可知,实验区域内共有 57 个测站,由于实验区域北部多为森林,因此绝大多数测站分布于实验区域南部的草原、开放灌木丛以及荒漠;少部分分布于建筑用地、耕地以及稀树草原,各土地覆盖类型 GNSS 测站分布数量如表 5-9 所示。

表 5-9　各土地覆盖类型 GNSS 测站分布数量

土地覆盖	GNSS 测站数量/个	土地覆盖	GNSS 测站数量/个
荒漠	9	草原	33
建筑用地	2	稀树草原	2
耕地	1	开放灌木丛	10

考虑 GNSS 测站分布密度以及土地覆盖类型等因素,本书选取 47 个测站(圆形)参与点-面融合建模训练,选取 10 个测站(三角形)作为测试测站,不参与建模,只作为后期结果验证,测试测站详细信息如表 5-10 所示。

表 5-10　测试测站详细信息

站名	经度	纬度	土地覆盖
glrs	115.521°W	33.275°N	开放灌木丛
P288	120.879°W	36.140°N	草原
P309	120.951°W	38.090°N	草原
P482	116.671°W	33.240°N	草原
P517	118.178°W	34.376°N	稀树草原
P532	120.267°W	35.634°N	草原
P536	120.025°W	35.280°N	草原
P591	118.016°W	35.152°N	开放灌木丛
P623	114.599°W	34.190°N	荒漠
P653	118.472°W	37.738°N	草原

选取实验区域 2014 年的土壤湿度和遥感数据作为实验数据。各实验数据详细信息如表 5-11 所示。

表 5-11　各实验数据详细信息

影响因素	分辨率	项目	时间
土壤湿度（SM）	每日/每测站	PBO H$_2$O	2014-01-01～2014-12-19
NDVI	16 d/500 m	MOD13A1	2014-01-01～2014-12-19
GPP	8 d/500 m	MOD17A2H	2014-01-01～2014-12-19
LAI	4 d/500 m	MCD15A3H	2014-01-01～2014-12-19
土地覆盖类型	16 d/500 m	MCD12Q1	2014 年
日平均降水	1 d/2.5′	PRISM	2014-01-01～2014-12-19
日平均气温			2014-01-01～2014-12-19
高程			
坡度	30 m	NASA SRTM Digital Elevation 30 m	2000 年
坡向			
阴影			

　　根据 5.5.1 节的实验步骤，利用上述实测数据，最终生成了 2014 年 6 月 26 日、7 月 12 日、7 月 28 日、8 月 13 日、8 月 29 日、9 月 14 日、9 月 30 日、10 月 16 日、11 月 1 日、11 月 17 日、12 月 3 日、12 月 19 日 12 幅 16 d/500 m 分辨率空间连续的土壤湿度产品，结果如图 5-27 所示。

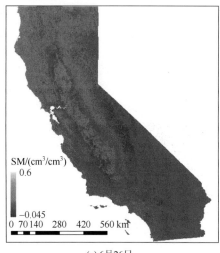

(a) 6月26日

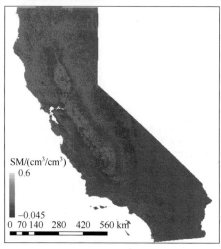

(b) 7月12日

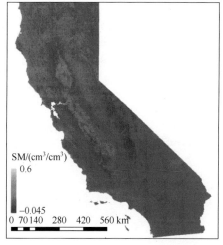

(c) 7月28日

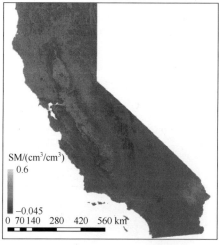

(d) 8月13日

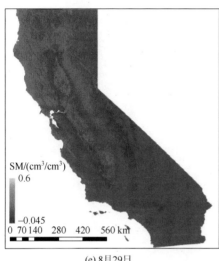

(e) 8月29日

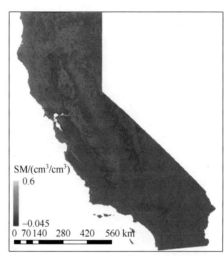

(f) 9月14日

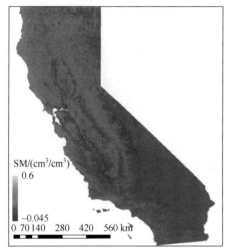

(g) 9月30日

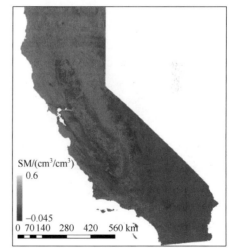

(h) 10月16日

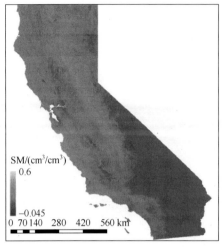

(i) 11月1日

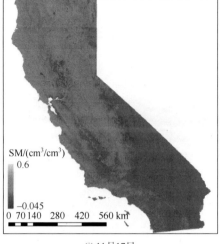

(j) 11月17日

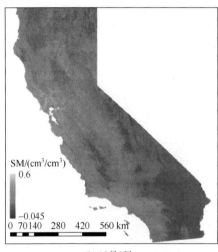

(k) 12月3日

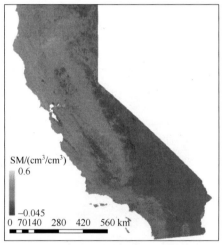

(l) 12月19日

图 5-27　点-面融合结果（后附彩图）

5.5.3　点-面融合反演结果分析

为了验证利用 GA-BP 神经网络进行土壤湿度点-面融合的准确性，通过 47 个建模测站的经纬度提取了 12 幅土壤湿度产品的土壤湿度值，并与 47 个建模测站基于 GNSS-IR 技术反演得到的土壤湿度参考值进行对比。采用相关系数 r、RMSE 及 MAE 三个精度指标对 47 个建模测站的建模进度进行验证，结果如表 5-12 所示。

表 5-12　建模测站精度统计

精度指标	范围	测站数量/个
r	<0.6	14
	[0.6, 0.7)	4
	[0.7, 0.8]	2
	>0.8	27
RMSE	<0.04	20
	[0.04, 0.05)	11
	[0.05, 0.06]	7
	>0.06	9
MAE	<0.03	20
	[0.03, 0.04)	13
	[0.04, 0.05]	6
	>0.05	8

由表 5-12 可知，47 个参与建模的测站中，相关系数 $r \geqslant 0.6$ 的测站有 33 个，占所有测站的 70.2%；RMSE$\leqslant 0.06$ 的测站有 38 个，占所有测站的 80.9%；MAE$\leqslant 0.05$ 的测站有 39 个，占所有测站的 83.0%。可见，除了少部分测站的建模效果未达到预期之外，绝大部分测站均取得了较好的建模效果。为进一步分析建模测站的建模精度，在考虑测站所在土地覆盖类型有可能影响测站建模精度的基础上，按土地覆盖类型统计了所有建模测站的建模效果，如图 5-28 所示。

结合图 5-28 和表 5-9 可知，47 个建模测站中土地覆盖类型为草原的测站共有 27 个，其中 24 个测站建模后的相关系数 $r \geqslant 0.6$，20 个测站的 RMSE$\leqslant 0.06$，21 个测站的 MAE$\leqslant 0.05$；土地覆盖类型为开放灌木丛的测站共有 8 个，

其中 3 个测站的相关系数 $r \geq 0.6$，8 个测站的 RMSE ≤ 0.06，8 个测站的
MAE ≤ 0.05；土地覆盖类型为荒漠的测站共有 8 个，其中 3 个测站的相关系
数 $r \geq 0.6$，7 个测站的 RMSE ≤ 0.06，7 个测站的 MAE ≤ 0.05；土地覆盖类型
为稀树草原、建筑用地及耕地的测站数分别为 2 个、1 个及 1 个，$r \geq 0.6$ 的
测站个数分别为 2 个、0 个及 1 个，RMSE ≤ 0.06 的测站个数分别为 1 个、

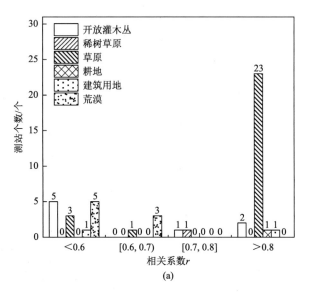

(a)

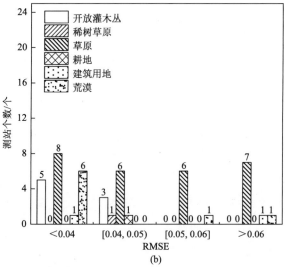

(b)

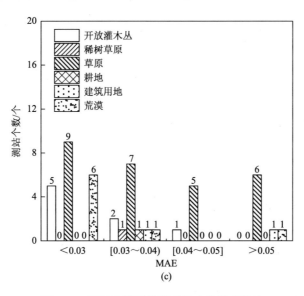

图 5-28　不同土地覆盖类型的建模精度统计

1 个及 1 个，MAE≤0.05 的测站个数分别为 1 个、1 个及 1 个。可见，6 种土地覆盖类型的建模测站中，位于草原的测站建模效果最好，而其他 5 种土地覆盖类型的测站建模效果稍差一些。这可能是两种原因造成的：①基于 GNSS-IR 技术反演土壤湿度在平坦地区的精度优于在地表起伏较大或有树木遮挡地区的精度。②位于其他 5 种土地覆盖类型的测站数较少，因此导致了这 5 种土地覆盖类型的建模数据量较少，最终影响 GA-BP 神经网络对于这些区域的建模效果。但综合表 5-12 和图 5-28 还可以看出，绝大部分建模测站的建模精度达到预期，均取得了较好的建模效果。因此，利用神经网络进行土壤湿度点-面数据融合是可行的，前文建立的基于 GA-BP 神经网络的融合模型是准确、有效的。

　　为了进一步验证最终生成的土壤湿度产品的准确性，选择与 NASA-USDA 全球土壤水分数据进行对比分析。为了保证 NASA-USDA 全球土壤水分数据与生成的土壤湿度产品具有可比性，首先，通过 47 个建模测站的经纬度提取了 NASA-USDA 全球土壤水分数据，并与 47 个建模测站基于 GNSS-IR 技术反演得到的土壤湿度参考值进行对比。由于两者的单位不同，无法计算两者的误差，因此本书只通过相关系数 r 来验证，结果如表 5-13 所示。

表 5-13　　NASA-USDA 与 PBO 土壤湿度相关性

精度指标	相关系数 r			
	<0.6	[0.6, 0.7)	[0.7, 0.8]	>0.8
测站个数	16	1	4	26

　　由表 5-13 可知，47 个建模测站中有 31 个测站的 NASA-USDA 土壤湿度值与基于 GNSS-IR 反演土壤湿度之间的相关系数 $r \geqslant 0.6$，占总测站数的 66.0%；有 26 个测站的相关系数 $r \geqslant 0.8$，占总测站数的 55.3%。可见，大部分测站的两种土壤湿度值之间具有较强的相关性，这说明了 NASA-USDA 全球土壤水分数据与生成的土壤湿度产品具有可比性。因此，本书将生成的 6 月 26 日、9 月 30 日以及 12 月 19 日三个时间段的土壤湿度产品与同一天的 NASA-USDA 全球土壤水分数据进行对比，如图 5-29 所示。

　　通过图 5-29 可以发现，点-面融合成果与 NASA-USDA 全球土壤水分数据的空间分布较为一致。而经过土壤湿度点-面产品融合生成的土壤湿度产品的分辨率高于基于微波遥感数据生成的 NASA-USDA 全球土壤水分数据。从图 5-29（b）、（d）、（f）发现，由于 NASA-USDA 全球土壤水分数据的空间

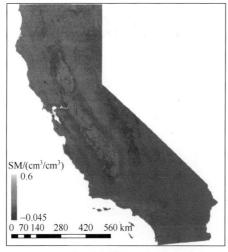

(a) 点-面融合结果(6月26日)

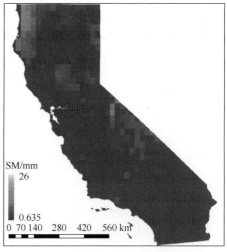

(b) NASA-USDA(6月26日)

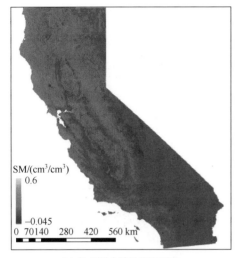

(c) 点-面融合结果(9月30日)

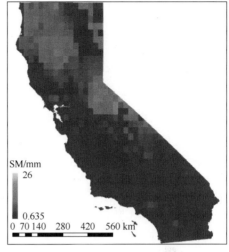

(d) NASA-USDA(9月30日)

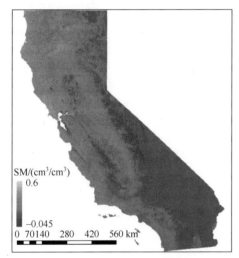

(e) 点-面融合结果(12月19日)

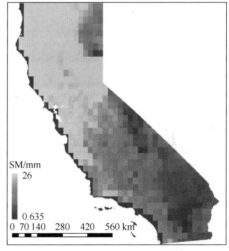

(f) NASA-USDA(12月19日)

图 5-29　点-面融合成果与 NASA-USDA 全球土壤水分数据对比（后附彩图）

分辨率较低，其无法区分实验区域的地形，更无法详细表现出各地区的土壤湿度变化，仅能反映实验区域整体、低分辨率的土壤湿度变化。由于实验区域夏季炎热、干旱且少雨，实验区域夏季整体土壤湿度较小，对于空间分辨率较低的 NASA-USDA 全球土壤水分数据而言，其很难区分不同地区土壤湿度变化，只能表现为一整块同颜色的图斑，如图 5-29（b）所示。反观最终生成的土壤湿度产品，在相同气候条件下，无论是中部的中央谷底、西部的海岸山脉、南部的内华达山脉还是东南部的沙漠地区，最终生成的土壤湿度产品都能为详细地表现出这些区域土壤湿度的差异，不会出现一整块同颜色图斑的情况，如图 5-29（a）所示。

　　从空间上对比，无论是点-面融合成果还是 NASA-USDA 全球土壤水分数据，实验区域均表现为北部、西部以及中部的土壤湿度值高于实验区域南部以及东南部的土壤湿度值。通过 5.5.2 节介绍，可知实验区域北部多为常绿针叶林以及草原，西部为海岸山脉，中部为中央谷地，这些地区的土壤湿度远高于实验区域南部及东南部为沙漠的土壤湿度值，这与图 5-29 点-面融合成果以及 NASA-USDA 全球土壤水分数据所体现的实验区域土壤湿度差异一致。由图 5-29（a）和（e）以及（b）和（f）可知，实验区域冬季的土壤湿度南北差异巨大，这是由实验区域地理特性以及气候特性不同所造成的，这也与 5.5.2 节介绍的实验区域的特性一致。时间上对比可以发现，无论是点-面融合成果还是 NASA-USDA 全球土壤水分数据，实验区域的土壤湿度值均表现为夏季低于冬季。其中，实验区域北部夏、冬两季土壤湿度差异巨大，其随时间变化最为明显；西部和中部的土壤湿度值变化也较为明显；而南部由于是沙漠地带，常年少雨，因此其土壤湿度在夏、冬两季差异不明显。中部的中央谷地作为加利福尼亚州最重要的农业区，其在夏季会进行长时间、大范围的灌溉，导致该地区夏季的土壤湿度值明显高于实验区域其他地方。但冬季，在气候特征的影响下，实验区域北部降水骤增，导致实验区域北部的土壤湿度明显提高。通过分析图 5-29，可以将实验区域的土壤湿度变化概括为：除了作为农业区的中央谷地，实验区域夏季的土壤湿度值均较低；随着天气变冷，在气候条件的影响下，实验区域北部和中部的土壤湿度值逐渐升高，而南部和东南部属于沙漠地带，因此其土壤湿度值常年较低。通过对比，发现生成的土壤湿度产品与 NASA-USDA 全球土壤水分数据无论是在时间上还是空间上表现均一致。这初步说明了最终生成的土壤湿度产品在实验区域对于土壤湿度的反映是准确的。为了进一步比较本书最终生成的土壤湿度产品的准确性，还分析了 47 个建模测站点-面融合的土壤湿度值及其对应的 NASA-USDA 全球土壤水分数据，结果如表 5-14 所示。

表 5-14　点-面融合和 NASA-USDA 土壤湿度相关性

精度指标	相关系数 r			
	<0.6	[0.6, 0.7)	[0.7, 0.8]	>0.8
测站个数	12	3	7	25

由表 5-14 可知，点-面融合获得的土壤湿度值与 NASA-USDA 土壤湿度具有较强的相关性。47 个建模测站中，有 35 个测站的两种土壤湿度值的相关性 $r \geqslant 0.6$，占所有测站的 74.5%。这可以说明本书最终生成的土壤湿度产品是准确的，其与 NASA-USDA 土壤湿度的结果较为一致，且最终生成的土壤湿度产品的分辨率高于 NASA-USDA 土壤湿度数据，能更好地表现出区域内土壤湿度的差异和变化。

最后利用 5.5.2 节中设置的 10 个未参与建模的 GNSS 测站进行产品的精度测试。通过 10 个测试测站的经纬度提取 12 幅空间连续的土壤湿度产品的土壤湿度值，并与基于 GNSS-IR 技术所得的土壤湿度值进行对比，并使用相关系数 r、RMSE 和 MAE 三个指标进行精度分析，结果如图 5-30 所示。

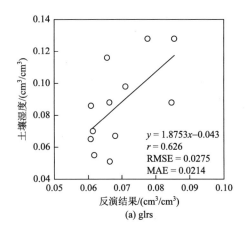

(a) glrs

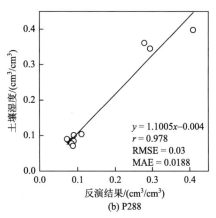

(b) P288

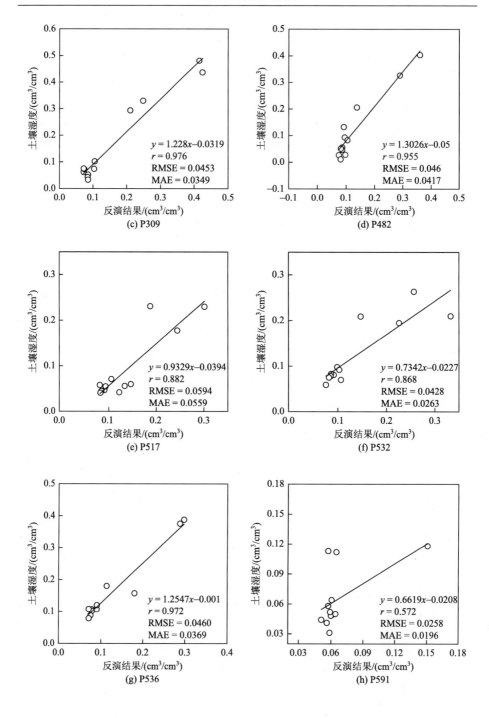

(c) P309　　　　　　　　　　　　　(d) P482

(e) P517　　　　　　　　　　　　　(f) P532

(g) P536　　　　　　　　　　　　　(h) P591

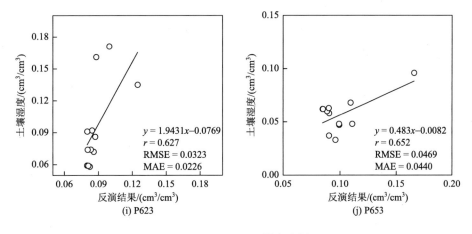

图 5-30　测试测站精度分析

由图 5-30 可知，10 个测试测站的建模结果与土壤湿度参考值之间的相关系数 r 大于 0.6 的有 9 个，大于 0.8 的有 6 个，相关系数 r 平均值为 0.745 6；相关性最高的为 P288 测站，r 达到了 0.978，具有非常强的相关性；相关性最弱的为 P591 测站，r 仅为 0.572。就 RMSE 而言，RMSE 小于 0.05 的有 9 个，小于 0.04 的有 4 个，RMSE 平均值为 0.040 2；RMSE 最小的为 P591 测站，RMSE 为 0.025 8，通过图 5-30（h）可以发现造成 P591 相关性最低而 RMSE 较小的原因是存在两个误差大于 0.05 的点；RMSE 最大的为 P517 测站，RMSE 为 0.059 4。就 MAE 而言，MAE 小于 0.05 的有 9 个，小于 0.04 的有 7 个，MAE 平均值为 0.032 2；MAE 最小的为 p288 测站，MAE 仅为 0.018 8；MAE 最大的也为 P517 测站，MAE 为 0.055 9。根据图 5-30 分析可得，虽然有一两个测站的测试结果未达到预期，且误差相对较大，但绝大部分测试测站取得了较好的建模效果，且误差较小。10 个测试测站的相关系数 r、RMSE 和 MAE 平均值分别达到了 0.745 6、0.040 2 和 0.032 2。从 10 个测试测站的精度可以看出，利用 GA-BP 神经网络进行土壤湿度点-面融合的效果较好、误差较小，没有存在粗大误差。结合表 5-10 进一步分析测试测站的精度，可以发现，6 个土地覆盖类型为草原的测站的相关系数 r 平均值为 0.900，RMSE 平均值为 0.042 9，MAE 平均值为 0.033 8；2 个土地覆盖类型为开放灌木丛的测站的相关系数 r 平均值为 0.599，RMSE 平均值为 0.026 7，MAE 平均值为 0.020 5；1 个土地覆盖类型为稀树草原的测站的相关系数 r 为 0.882，RMSE 为 0.059 4，MAE 平均值为 0.055 9；1 个土地覆盖类型为荒漠的测站的相关系数 r 为 0.627，RMSE 为 0.032 3，MAE 平均值为 0.022 6。可见，土地覆盖类型为草原的测试测站融合效果最好，而其他 3 个土地覆盖类型的测试测站的融合效果稍差一些，这与不同土地覆盖类型的建模测站的建模效果一致。可见，基于 GA-BP 神经网络的土壤湿度点-面融合的效果还受土地覆盖类型的影响。随后，还验证了 10 个测试测站点-面融合得到的土壤湿度值与 NASA-USDA 全球土壤湿度之间的相关性，结果如图 5-31 所示。

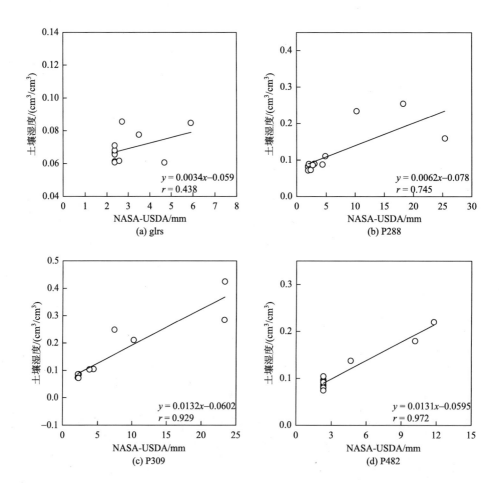

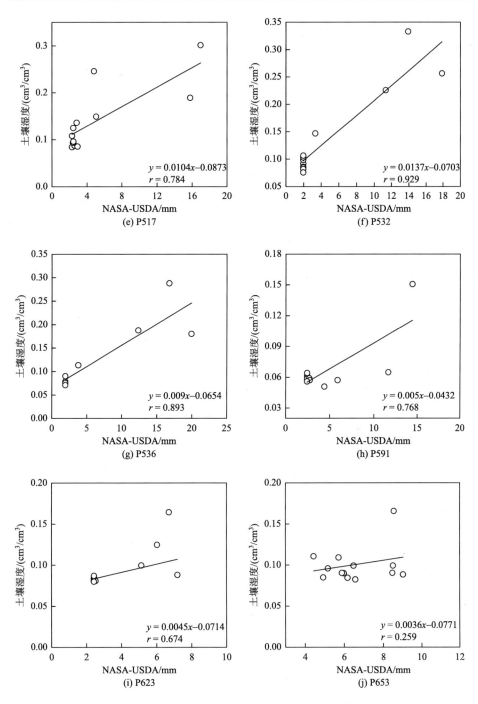

图 5-31　测试测站点-面融合结果与 NASA-USDA 数据对比

由图 5-31 可知，10 个测试测站点-面融合所得土壤湿度与 NASA-USDA 全球土壤湿度之间相关系数 r 大于 0.6 的有 8 个，相关系数 r 大于 0.8 的有 4 个，相关系数 r 平均值为 0.739。从对比结果可见，除 glrs 和 P653 两个测站外，其余测试测站点-面融合所得土壤湿度与 NASA-USDA 全球土壤湿度之间均具有较强的相关性，这也同时说明了最终生成的土壤湿度产品的准确性。

通过与 NASA-USDA 全球土壤水分数据对比以及 10 个测试测站的精度分析，验证了基于神经网络的土壤湿度点-面融合方法是可行的、有效的，同时也验证了最终生成空间连续、高空间分辨率的土壤湿度产品的准确性。生成的土壤湿度产品具有和基于微波遥感数据生成的 NASA-USDA 全球土壤水分数据较为一致的精度，同时具有高于 NASA-USDA 全球土壤水分数据的空间分辨率，并最终弥补 GNSS-IR 土壤湿度产品空间不连续的缺点。

5.6　小　　结

本章以 GNSS-IR 用于土壤湿度反演为对象展开详细分析，从理论和实践两个层面给出了 GNSS 反射信号和土壤湿度之间的关系，以及如何求解出反射信号的干涉相位。通过实例，详细讲解了目前基于单星、多星融合的土壤湿度反演模型建立。最后详细讲解了如何建立基于神经网络的 GNSS-IR 和遥感点-面融合土壤湿度反演模型，并对生成的高空间分辨率、空间连续的土壤湿度产品进行了精度验证。

参 考 文 献

[1]　McColl K A，Alemohammad S H，Akbar R，et al. The global distribution and dynamics of surface soil moisture[J]. Nature Geoscience，2017，10（2）：100-104.

[2]　National Research Council. Research Strategies for the US Global Change Research Program[M]. Washington：National Academies Press，1990.

[3]　Karl T R，Diamond H J，Bojinski S，et al. Observation needs for climate information，prediction and application：Capabilities of existing and future observing systems[J]. Procedia Environmental Sciences，2010，1：192-205.

[4]　Alzraiee A H，Garcia L A，Gates T K. Modeling subsurface heterogeneity of irrigated and drained fields. I：Model development and testing[J]. Journal of Irrigation and Drainage Engineering，2013，139（10）：797-808.

[5]　Board S S. Earth Science and Applications from Space: National Imperatives for the Next Decade and Beyond[M]. Washington: National Academies Press, 2007.

[6]　吴学睿, 金双根, 宋叶志, 等. GNSS-R/IR 土壤水分遥感研究现状[J]. 大地测量与地球动力学, 2019, 39 (12): 1277-1282.

[7]　Robock A, Vinnikov K Y, Srinivasan G, et al. The global soil moisture data bank[J]. Bulletin of the American Meteorological Society, 2000, 81 (6): 1281-1300.

[8]　Brock F V, Crawford K C, Elliott R L, et al. The Oklahoma Mesonet: A technical overview[J]. Journal of Atmospheric and Oceanic Technology, 1995, 12 (1): 5-19.

[9]　严颂华, 龚健雅, 张训械, 等. GNSS-R 测量地表土壤湿度的地基实验[J]. 地球物理学报, 2011, 54 (11): 2735-2744.

[10]　金双根, 张勤耘, 钱晓东. 全球导航卫星系统反射测量（GNSS + R）最新进展与应用前景[J]. 测绘学报, 2017, 46 (10): 1389-1398.

[11]　徐绍铨, 张华海, 杨志强, 等. GPS 测量原理及应用[M]. 3 版. 武汉: 武汉大学出版社, 2008.

[12]　孙波. 基于 GNSS 单天线技术的农田土壤湿度反演方法研究[D]. 泰安: 山东农业大学, 2020.

[13]　Bilich A, Axelrad P, Larson K M. Scientific utility of the signal-to-noise ratio (SNR) reported by geodetic GPS receivers[J]. Proceedings of International Technical Meeting of the Satellite Division of the Institute of Navigation, 2007, 2: 1999-2010.

[14]　Chew C C, Small E E, Larson K M, et al. Vegetation sensing using GPS-interferometric reflectometry: Theoretical effects of canopy parameters on signal-to-noise ratio data[J]. IEEE Transactions on Geoscience and Remote Sensing, 2015, 53 (5): 2755-2764.

[15]　Chew C C, Small E E, Larson K M. An algorithm for soil moisture estimation using GPS-interferometric reflectometry for bare and vegetated soil[J]. GPS Solutions, 2016, 20 (3): 525-537.

[16]　Johnson M L, Correia J J, Yphantis D A, et al. Analysis of data from the analytical ultracentrifuge by nonlinear least-squares techniques[J]. Biophysical Journal, 1981, 36 (3): 575-588.

[17]　Powell M J D, Yuan Y. A trust region algorithm for equality constrained optimization[J]. Mathematical Programming, 1991, 49 (1): 189-211.

[18]　Suykens J A K, Vandewalle J. Least squares support vector machine classifiers[J]. Neural Processing Letters, 1999, 9 (3): 293-300.

[19]　Xie S, Liang Y, Zheng Z, et al. Combined forecasting method of landslide deformation based on MEEMD, approximate entropy, and WLS-SVM[J]. ISPRS International Journal of Geo-Information, 2017, 6 (1): 5.

[20]　Eberly L E. Multiple linear regression[M]//Topics in Biostatistics. Totowa: Humana Press, 2007: 165-187.

[21]　Katzberg S J, Torres O, Grant M S, et al. Utilizing calibrated GPS reflected signals to estimate soil reflectivity and dielectric constant: Results from SMEX02[J]. Remote Sensing of Environment, 2006, 100 (1): 17-28.

[22]　Yuan Q, Xu H, Li T, et al. Estimating surface soil moisture from satellite observations using a generalized regression neural network trained on sparse ground-based measurements in the continental US[J]. Journal of Hydrology, 2020, 580: 124351.

[23] Yuan Q，Li S，Yue L，et al. Monitoring the variation of vegetation water content with machine learning methods：Point-surface fusion of MODIS products and GNSS-IR observations[J]. Remote Sensing，2019，11（12）：1440.

[24] Xu H，Yuan Q，Li T，et al. Quality improvement of satellite soil moisture products by fusing with *in-situ* measurements and GNSS-R estimates in the western continental US[J]. Remote Sensing，2018，10（9）：1351.

[25] Li T，Shen H，Yuan Q，et al. Estimating ground-level $PM_{2.5}$ by fusing satellite and station observations：A geo-intelligent deep learning approach[J]. Geophysical Research Letters，2017，44（23）：11985-11993.

[26] Pan Y，Ren C，Liang Y，et al. Inversion of surface vegetation water content based on GNSS-IR and MODIS data fusion[J]. Satellite Navigation，2020，1（1）：1-15.

第6章　GNSS-IR/R 在其他领域的应用

6.1　GNSS-IR 测雪深应用

积雪存储了全球大量的淡水资源，也是评估全球气候在不同尺度和时间变化上的重要参数。目前全球积雪深度主要依靠气象站点监测和人工野外探测，存在时空分辨率受限、成本过高、精度较低等缺点。基于测量型接收机发展起来的 GPS-IR 作为一门新兴的遥感技术，具有高精度、低成本和高时空分辨率的特点，已被证实可有效应用于土壤湿度、海平面、雪深等地表环境参数的监测。随着全球导航卫星系统在地学应用领域的不断拓展，GNSS-IR 成为了一种新的遥感手段。遍布全球的 GNSS 连续运行参考站有望实现高时空分辨率积雪厚度的自动测定，较传统测量积雪厚度测量方法，该方法不仅高效经济，还能够在一些难以开展积雪厚度测量的区域进行作业。图 6-1 为测量接收机在积雪环境下进行雪深监测。

图 6-1　测量接收机在积雪环境下进行雪深监测

GNSS-IR 方法测量积雪厚度首先由 Larson 等于 2007 年提出，但大多是基于信噪比观测值的研究与应用。本章将首先介绍现有基于 GNSS-IR 的积雪厚度测量方法，然后提出利用 GNSS-IR 测定积雪厚度的原理与方法，如图 6-2 所示。h_1 表示 GPS 天线高，h_2 表示反射点到天线中心高度。反射面到 GPS 接收机天线的距离会影响多路径效应，而多路径效应能在 SNR 值变化中反映出来，因此，从 SNR 值的变化中，可以提取出反射高度的信息。

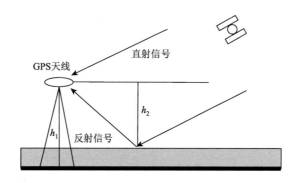

图 6-2　GPS 多路径效应

SNR$_r$ 与多径干涉相位和振幅存在一种正弦（或余弦）的线性关系，积雪深度与卫星反射信号存在一定相关性，那么，去掉卫星直射信号后的 SNR 反射信号分量与多径延迟相位和振幅的函数关系表示为

$$SNR_r = A_r \cos\left(\frac{4\pi h}{\lambda} \sin\theta + \varphi_r \right) \qquad (6.1)$$

式中，A_r 为多径振幅；h 为反射面到 GPS 天线的垂直反射距离；λ 为载波波长；θ 为卫星截止高度角；φ_r 为多径延迟相位。利用 Lomb-Scargle 频谱分析方法对 SNR$_r$ 进行处理，得到 SNR 序列的频率：$f = 2\pi h/\lambda$。在已知测站天线高的情况下，解算得到反演积雪深度。本书选择信号稳定且穿透能力较强的 GPS L2 载波，波长 λ 为 0.244 2 m。从 GPS 观测数据中获取雪深的实验流程如图 6-3 所示。

（1）解算 GPS 观测文件。使用 TEQC 对 GPS 测站的观测数据进行处理，分别得到 SNR、卫星高度角和卫星方位角数据，并使用 Matlab 编程对处理后得到的数据进一步提取，将各颗卫星的 SNR、卫星高度角和卫星方位角都对应起来。

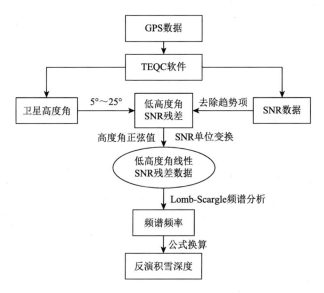

图 6-3　GPS-IR 雪深反演流程图

（2）提取出 SNR 值的余项。根据卫星高度角的范围，使用二次多项式拟合出每颗卫星可见范围内的 SNR 的趋势项，并提取出卫星高度角在 5°～25°范围内去掉趋势项后的 SNR 余项。

（3）变换单位并修改横轴坐标变化。求出卫星高度角的正弦值，将 SNR的单位由 dB-Hz 转化为 volts，其目的在于将随高度角指数变化的 SNR（以dB-Hz 为单位）值转化为随高度角正弦值线性变化的 SNR 值（以 volts 为单位）。

（4）处理 SNR 序列并获得反演雪深。使用 Lomb-Scargle 频谱分析方法对转化单位后的 SNR 值进行处理，得到 SNR 序列的频率 f，并由频率 f 进而求出垂直反射距离，在已知站高的前提下，得到雪深值。

（5）雪深估算模型。通过线性回归方程对估算结果和雪深实测值进行相关性分析。

本书采用的 GPS 观测数据来源于美国地球透镜（Earthscope）计划中的板块边缘观测（PBO）项目的 P101 测站，可从网站（http://www.unavco.org）

下载。该测站位于美国犹他州 Randolph 地区：41.692°N，111.236°W，海拔为 2 016.1 m，周围植被类型简单，测站高 2 m，每年被积雪覆盖的时间达 100 d 左右，适宜用作雪深反演实验。P101 站使用的接收机类型为 TRIMBLENETRS，天线类型为 TRM29659.00，整流罩类型为 SCIT。该测站周围环境如图 6-4 所示。

(a) 无雪环境

(b) 降雪环境

图 6-4　P101 测站周围环境

在 GPS 测量中，多路径效应是一项重要的误差来源，GPS 卫星信号经过地面、建筑物等反射形成反射信号，在接收天线处与直射信号产生干涉并合为合成信号，会降低 GPS 定位精度。多路径效应是影响信噪比的主要因素之一，当其他因素不变时，信噪比（SNR）数据可以反映出多路径效应。GPS-IR 是一种通过 GPS 观测文件中的 SNR 数据，计算出接收机的垂直反射距离，进而得到雪深的方法。

图 6-5 给出了来自 PBO 的 P101 测站，2016 年第 335 天的 L2 载波 SNR 观测值（PRN 09 卫星）。可见，在低高度角时（虚线框内）多路径效应较为突出。

将信噪比消除趋势项后，剩余残差可表示为

$$d_{\mathrm{SNR}} = A_{\mathrm{r}} \cos\left(\frac{4\pi h}{\lambda} \sin\theta + \varphi \right) \tag{6.2}$$

式中，d_{SNR} 为去掉趋势项后的信噪比。

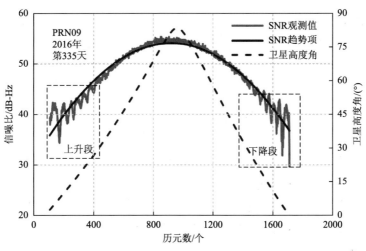

图 6-5　PRN09 卫星信噪比观测值与拟合值

在去掉 SNR 趋势项之前，应当将信噪比的单位由 dB-Hz 转换为 volts，使之从指数变化转为线性变化，转换公式如下：

$$\text{SNR}\left(\frac{\text{volts}}{\text{volts}}\right)=10^{\frac{\text{SNR(dB-Hz)}}{20}} \tag{6.3}$$

图 6-6 是图 6-5 中下降段去除趋势项后不同单位的信噪比。图 6-6（a）是以 dB-Hz 为单位的信噪比随历元数的指数变化图，图 6-6（b）是以 volts 为单位的信噪比随卫星高度角正弦值的线性变化图。结合图 6-5 可见，随着高度角减小，信噪比残差总体上呈变大趋势。

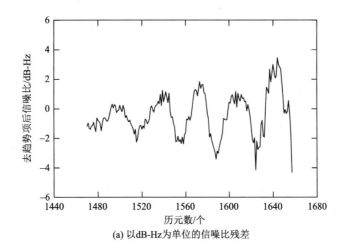

(a) 以 dB-Hz 为单位的信噪比残差

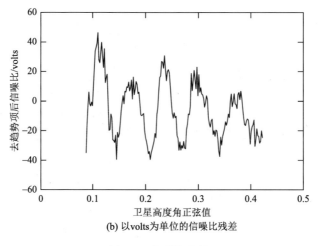

(b) 以volts为单位的信噪比残差

图 6-6　信噪比残差

若将式（6.2）中的高度角正弦值 $\sin\alpha$ 记作 x，$2h/\lambda$ 记作 f，则式（6.2）可简化为

$$d_{\text{SNR}} = A_{\text{r}} \cos(2\pi f x + \varphi_{\text{r}}) \tag{6.4}$$

由式（6.4）可知垂直反射距离 h 可以由频率 f 和波长 λ 求得。频率 f 可以由 Lomb-Scargle 频谱分析得到，本书采用的是 L2 载波的信噪比，故波长 λ 为 0.244 2 m，通过计算 $f \cdot \lambda / 2$ 可以求出垂直反射距离 h。如图 6-7 所示，图 6-7

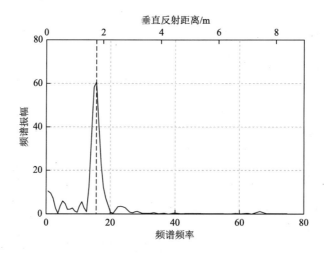

图 6-7　频谱分析结果

是图 6-6 的频谱分析结果,频谱振幅最大峰值处对应的就是垂直反射距离 h,将天线高 h_1 与垂直反射距离 h 相减,就可以得到积雪的深度。

再以美国 PBO 网中 AB33 测站为例。AB33 站位于美国阿拉斯加州,67.251°N,150.173°W,海拔为 335 m,测站高 2 m,采样率为 15 s。AB33 站每年被积雪覆盖的时间达 200 d 左右。该站采用的接收机类型为 TRIMBLE NETRS,天线类型为 TRM29659.00,整流罩类型为 SCIT。AB33 测站观测环境如图 6-8 所示。

(a) 无雪环境　　　　　　　　　　(b) 降雪环境

图 6-8　AB33 测站观测环境

图 6-9 中细黑线为 AB33 站 PRN13 号卫星于 2013 年年积日第 274 天的 SNR 变化值,呈抛物线变化;粗黑线是通过二次项拟合得到的 SNR 值。可以看出,在低高度角时,信噪比发生了周期性变化;随着高度角变大,SNR 变化十分平滑,没有较大波动。在完整的观测时段内,有上升段和下降段两部分可以提取出多路径的信息用于雪深的反演,本书中使用高度角 5°~25°的数据。

图 6-10 为图 6-9 中上升段去除趋势项后的 SNR,随着卫星高度角增大,多路径影响总体上越来越小。图 6-10(a) 中 SNR 单位为 dB-Hz;(b) 是单位是转为 volts 的 SNR 值,并且横轴由历元变化改为了高度角正弦值的变化。

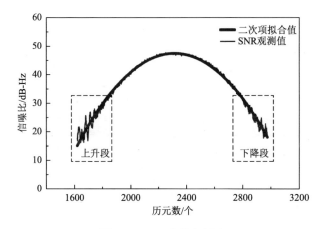

图 6-9　SNR 变化与拟合

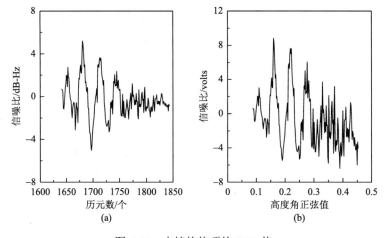

图 6-10　去掉趋势项的 SNR 值

　　图 6-11 给出了 AB33 站 PRN32 号卫星在 2013 年年积日第 296 天、2014 年年积日第 118 天、2013 年年积日第 316 天和 2013 年年积日第 364 天四天中的 SNR 残差和频谱分析结果。图 6-11（a）的四张图分别是这四天信噪比残差随高度角正弦值的变化图。从图中可以看出，随着积雪越来越厚，SNR 残差变化的周期也越来越大。图 6-11（b）的四张图分别对应左侧的四张图，是它们各自的频谱分析结果。纵轴是频谱振幅，横轴是垂直反射距离，频谱振幅最大的位置对应的横轴大小就是垂直反射距离。对比分析四天的频谱分析结果发现，垂直反射距离随着雪深变大而减小。

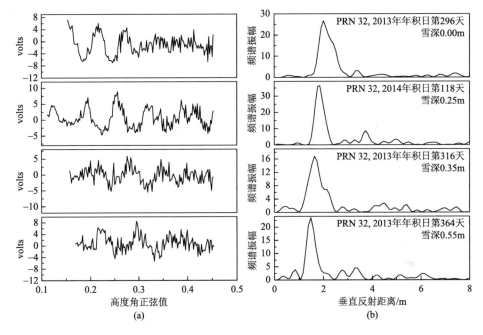

图 6-11　SNR 残差与频谱分析

从 P101 站和 AB33 站的雪深提取实验可知，在两个测站中以 GPS 观测数据中的 SNR 值为基础，结合卫星高度角，通过 Matlab 编程实现 GPS-IR 技术，成功提取出了雪深值。可见，利用 GPS-IR 技术反演雪深值是可行的。

6.2　GNSS-R 测海冰应用

近年来，随着全球导航卫星系统的发展，GNSS-R 技术也越来越受到重视，该技术利用 GNSS 卫星的反射信号，实现类似于无源雷达的探测功能。GNSS-R 技术的优点是信号源非常稳定和丰富，并且接收机的能耗低，可以采用地基、机载或星载等方式进行观测。国内外相关学者开展了一些科研实验活动，目前，主要集中在海洋遥感领域，重点是海面风场和海浪的测量。

海冰是高纬度海洋中一类主要物质，对海上交通运输、海洋资源开发和全球气候变化等都具有重要的影响。随着全球温室气体排放的增加，气候变暖，世界发达国家对海冰的研究十分重视，采用各种手段进行监测[1]。美国科罗拉多州立大学和西班牙空间科学研究所等机构相继开展了利用 GNSS-R 信号探测海冰和积雪厚度的实验[2]，相比之下，国内在这方面基本处于空白。本书试图利用国外实验观测数据，就海冰对 GNSS-R 信号的影响做一些初步的研究，探索利用 GNSS-R 信号探测海冰的可行性。

GNSS 信号自导航卫星发射后成为在空间传输的电磁波。在时变电磁场中，场矢量和场源既是空间位置的函数，又是时间的函数。在正弦稳态条件下，由场源所激励的场矢量的各个分量仍是同频率的正弦时间函数[3]。

时变电磁场中的任一坐标分量随时间做正弦变化时，其振幅和初始相位也都是空间坐标的函数。以电场强度 E 为例，以一定的频率 ω 随时间 t 和空间 r 按正弦规律变化，可表示为

$$E(t,r) = \sqrt{2}e(t)c(t) \tag{6.5}$$

$$e(t) = E_0(t,r) \tag{6.6}$$

$$c(t) = \cos(\omega t - \varphi_r(r)) \tag{6.7}$$

由于电场强度 E、磁场强度 H 和传播方向 K 三者之间的关系是确定的，一般用电场强度 E 的矢量端点在空间任意固定点上随时间变化所描述的轨迹来表示电磁波的极化[4]。

假设均匀平面波沿着 z 轴方向传播，电场强度和磁场强度均在垂直于 z 轴的平面内，令电场强度 E 分解为两个相互正交的分量 E_x 和 E_y，其频率和传播方向均相同：

$$E_x = E_{x0}\cos(\omega t + \varphi_x)$$
$$E_y = E_{y0}\cos(\omega t + \varphi_y) \tag{6.8}$$

E 矢量端点的轨迹方程可以经由三角运算获得

$$\left(\frac{x}{E_{x0}}\right)^2 + \left(\left(\frac{y}{E_{y0}}\right)^2 - 2\frac{x}{E_{x0}}\frac{y}{E_{y0}}\cos(\varphi_y - \varphi_x)\right) = \sin^2(\varphi_y - \varphi_x) \tag{6.9}$$

当满足条件 $E_{x0} = E_{y0} = E_0, \varphi_y - \varphi_x = \pm\pi/2$ 时，矢量 E 端点的轨迹方程为

$$x^2 + y^2 = E_0^2 \tag{6.10}$$

这是半径为 E_0 的圆的方程，故而称为圆极化[5]。当 E_y 滞后于 $E_x\pi/2$ 时，电场矢量的旋向和波的传播方向满足右手螺旋关系，称为右旋圆极化（RHCP），反之称为左旋圆极化（LHCP）。GNSS 的导航信号（直射信号）是右旋圆极化的，当直射信号照射到物体表面时极化方式会发生改变，部分转变为左旋圆极化信号。

随着反射界面的介质不同，反射信号中的左旋圆极化信号强度也会发生变化，所以研究反射信号极化类型的变化可以提取出反射物体的物质特性信息，这是 GNSS-R 技术的理论基础。针对该物理特性，本书提出利用海冰与海水表面的介电常数不同造成反射信号两种极化方式不同的信号强度，根据反射右旋圆极化信号与反射左旋圆极化信号幅度比值的变化进行海冰消融和海水结冰过程的检测。

实验利用直射信号在海面反射后形成的反射信号的幅度、极化特性等各参数的变化来反推海洋表面信息。电磁波的极化对目标的介电常数、物理特性、几何形状等因素较为敏感，因此，极化测量能提高对目标物信息的获取能力。影响微波辐射的主要因素有：①复介电常数。海水的温度、盐度大于海冰的温度、盐度，则冰雪的介电常数远小于水的介电常数，介电常数又影响菲涅尔反射系数，海水与海冰对电磁波的散射不同。②反射面粗糙度。反射面主要包括光滑表面和粗糙表面两种。对后者而言，表面粗糙度较小时，反射信号中存在与入射电磁波镜像对称的镜面反射分量——相干分量；随着散射面粗糙度增大，反射信号中的相干分量逐渐减小，其他方向上的非相干分量逐渐增大，能量损失较大；当散射表面的粗糙度很大时，各方向上反射分量的强度几乎相等[5]。海水可看作是均匀介质，则平静海面可作为微粗糙的反射面，电磁波在海面上的反射满足菲涅尔反射，结冰海面与平静海面相比较为粗糙，二者对电磁波的反射特性不同。将入射电磁波分解为平行于反射面和垂直于反射面的两个分量，分别求解这两种分量各自的反射波并进行叠加，可形成任一极性的反射波，由各类型的天线接收。实验中天线接收的反射信号主要来自镜面反射及其周围第一个菲涅尔带的散射。各种反射信号的强度受卫星高度角、海冰的介电常数、海水温度等诸多因素的影响，主要由菲涅尔系数表征[6]：

$$R_{VV} = \frac{\varepsilon \sin \theta - \sqrt{\varepsilon - \cos^2 \theta}}{\varepsilon \sin \theta + \sqrt{\varepsilon - \cos^2 \theta}} \qquad (6.11)$$

$$R_{HH} = \frac{\sin \theta - \sqrt{\varepsilon - \cos^2 \theta}}{\sin \theta + \sqrt{\varepsilon - \cos^2 \theta}} \qquad (6.12)$$

$$R_{RR} = R_{LL} = \frac{1}{2}(R_{VV} + R_{HH}) \qquad (6.13)$$

$$R_{LR} = R_{RL} = \frac{1}{2}(R_{VV} - R_{HH}) \qquad (6.14)$$

式中，R 为右旋极化；L 为左旋极化；V 为垂直极化；H 为水平极化。

　　海冰与海水的电磁特性差异较大，各自的反射系数不同，反射信号的极化特性和强度不同。介电常数与含水量、含盐量及温度有关，一般海水的介电常数值为 80，冰的介电常数值为 2.5，海水与海冰的反射系数 R_1 之比为 3：2，利用两者的这种差异性进行对比分析来粗略地研究海冰的分布情况和变化过程。

6.3　小　　结

　　本章简单介绍了 GNSS-IR 在积雪厚度和 GNSS-R 在海冰方面的具体应用。关于电磁波传播理论的 GNSS-R 遥感技术的研究，目前，海冰检测以微波遥感为主，可见光与红外遥感为辅，对海冰监测的数据主要来自 NOAA（AVHRR）卫星、SAR、ERS-1 等平台，但信号源单一、对反射信号的接收较为复杂，遥感成本较高。GNSS-R 技术则利用广泛的卫星资源，大范围地接收海面反射信号，克服了传统遥感方法的不足。

　　GNSS-R 技术主要应用于海洋探测，表现为两个方面：①基于卫星直射信号与反射信号之间的延迟，反演海面高度、有效波高和海冰厚度；②利用 GNSS 信号的散射来探测海面风场、海面粗糙度和海水盐度。这一技术还可以应用于土壤湿度等陆面信息遥感。另外，基于测地型 GNSS 接收机发展起来的 GNSS-IR 在土壤湿度、雪深、潮汐、风场植被与农作物生长监测等领域也得到了有效应用。因此，GNSS-R/IR 成为遥感研究领域的热门技术，具有广泛的应用前景。

参 考 文 献

[1]　刘良明，刘廷，刘建强，等. 卫星海洋遥感导论[M]. 武汉：武汉大学出版社，2005.

[2]　Zavorotny V U. Sea ice thickness sensing using GNSS reflections，workshop on remote sensing using GNSS reflec-tions[D]. Guilford：University of Surrey，2005.

[3]　熊皓. 电磁波传播空间环境[M]. 北京：电子工业出版社，2004.

[4]　姜宇. 工程电磁场与电磁波[M]. 武汉：华中科技大学出版社，2009.

[5]　杨东凯，张其善. GNSS 反射信号处理基础与实践[M]. 北京：电子工业出版社，2012.

[6]　Maurice W L. Radar Reflectivity of Land and Sea[M]. Boston：Artech House，2001.

彩　　图

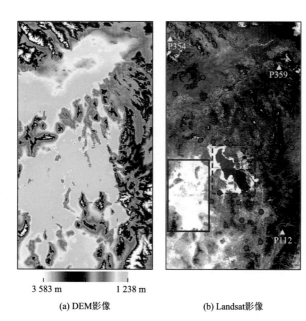

3 583 m　　　1 238 m

(a) DEM影像　　　　　　　　(b) Landsat影像

图 4-3　研究区域地形图

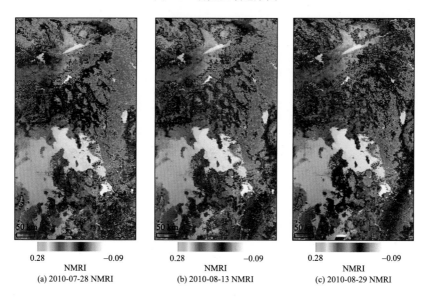

0.28　　　−0.09　　　　0.28　　　−0.09　　　　0.28　　　−0.09

NMRI　　　　　　　　NMRI　　　　　　　　NMRI

(a) 2010-07-28 NMRI　　(b) 2010-08-13 NMRI　　(c) 2010-08-29 NMRI

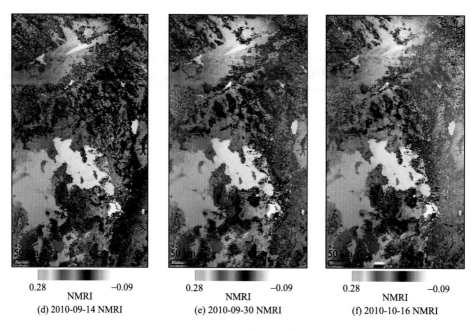

(d) 2010-09-14 NMRI　　　　(e) 2010-09-30 NMRI　　　　(f) 2010-10-16 NMRI

图 4-4　点-面融合反演结果

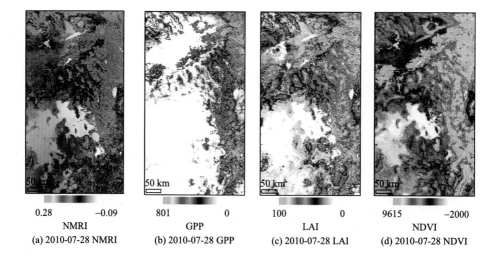

(a) 2010-07-28 NMRI　　(b) 2010-07-28 GPP　　(c) 2010-07-28 LAI　　(d) 2010-07-28 NDVI

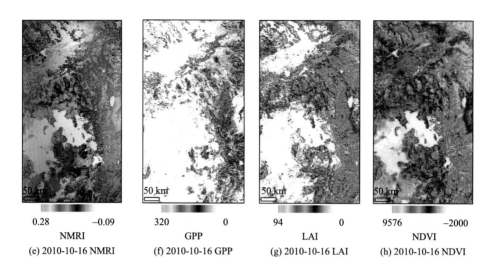

0.28 −0.09	320 0	94 0	9576 −2000
NMRI	GPP	LAI	NDVI
(e) 2010-10-16 NMRI	(f) 2010-10-16 GPP	(g) 2010-10-16 LAI	(h) 2010-10-16 NDVI

图 4-5　反演结果与遥感影像产品对比

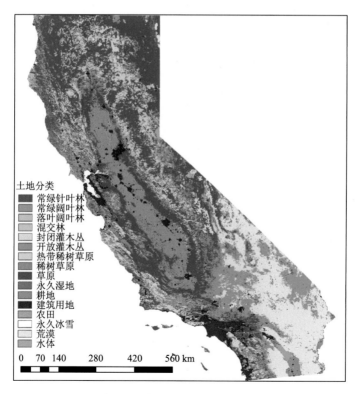

土地分类
常绿针叶林
常绿阔叶林
落叶阔叶林
混交林
封闭灌木丛
开放灌木丛
热带稀树草原
稀树草原
草原
永久湿地
耕地
建筑用地
农田
永久冰雪
荒漠
水体

0　70　140　　　280　　　420　　　560 km

图 5-25　实验区域土地覆盖类型

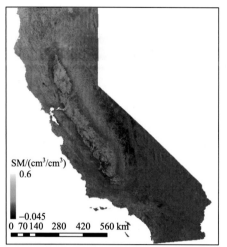

(a) 6月26日

(b) 7月12日

(c) 7月28日

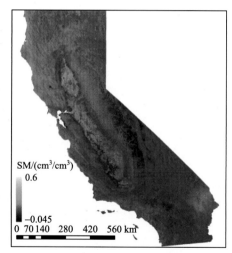

(d) 8月13日

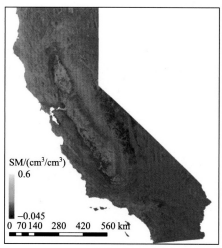

(e) 8月29日

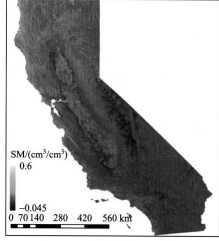

(f) 9月14日

(g) 9月30日

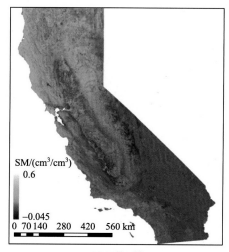

(h) 10月16日

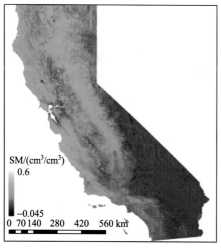

(i) 11月1日   (j) 11月17日

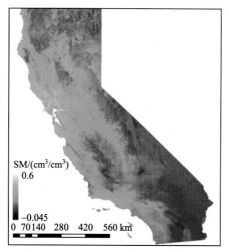 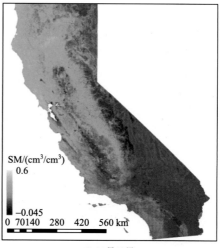

(k) 12月3日   (l) 12月19日

图 5-27　点-面融合结果

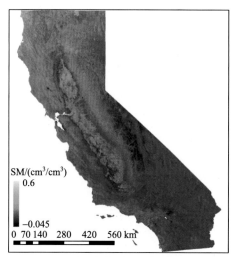

SM/(cm³/cm³)
0.6

−0.045

0 70 140   280   420   560 km

(a) 点-面融合结果(6月26日)

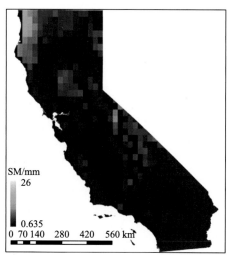

SM/mm
26

0.635

0 70 140   280   420   560 km

(b) NASA-USDA(6月26日)

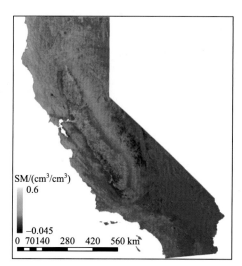

SM/(cm³/cm³)
0.6

−0.045

0 70140   280   420   560 km

(c) 点-面融合结果(9月30日)

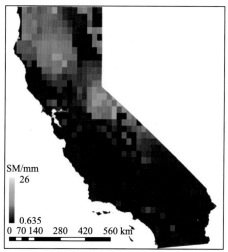

SM/mm
26

0.635

0 70140   280   420   560 km

(d) NASA-USDA(9月30日)

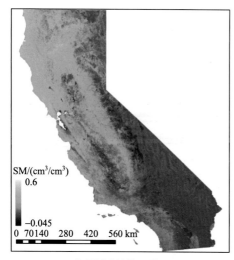

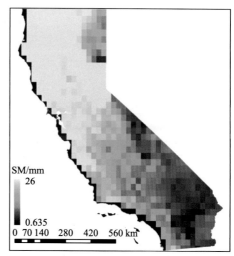

(e) 点-面融合结果(12月19日) (f) NASA-USDA(12月19日)

图 5-29   点-面融合成果与 NASA-USDA 全球土壤水分数据对比